住房和城乡建设领域"十四五"热点培训教材

绿色生态城区评价标准
技术细则

Technical Rules of Assessment Standard for
Green Eco-district

王有为　主　编
葛　坚　刘　京　副主编

U0202488

中国建筑工业出版社

图书在版编目（CIP）数据

绿色生态城区评价标准技术细则 = Technical Rules of Assessment Standard for Green Eco-district／王有为主编；葛坚，刘京副主编. —北京：中国建筑工业出版社，2022.6
住房和城乡建设领域"十四五"热点培训教材
ISBN 978-7-112-27365-2

Ⅰ.①绿… Ⅱ.①王… ②葛… ③刘… Ⅲ.①生态城市—评价标准—中国—教材 Ⅳ.①X321.2-34

中国版本图书馆CIP数据核字（2022）第079840号

责任编辑：柏铭泽　陈　桦
书籍设计：锋尚设计
责任校对：刘梦然

住房和城乡建设领域"十四五"热点培训教材
绿色生态城区评价标准技术细则
Technical Rules of Assessment Standard for Green Eco-district
王有为　主　编
葛　坚　刘　京　副主编

*

中国建筑工业出版社出版、发行（北京海淀三里河路9号）
各地新华书店、建筑书店经销
北京锋尚制版有限公司制版
河北鹏润印刷有限公司印刷

*

开本：787毫米×1092毫米　1/16　印张：15½　字数：334千字
2022年5月第一版　　2022年5月第一次印刷
定价：**59.00**元
ISBN 978-7-112-27365-2
（38959）

编委会

主　编

王有为

副主编

葛　坚　刘　京

编　委

前　言

　　随着资源能源危机、生态环境恶化、全球气候变暖，人类发展的危机日益凸显，绿色生态的发展道路已逐步成为世界各国的共识。"2030年前实现碳达峰，2060年前实现碳中和"是以习近平同志为核心的党中央经过深思熟虑作出的国家重大战略决策。城市是人类能源活动和碳排放集中分布的区域，探索低碳、生态、绿色的城区发展道路是我国实现双碳目标的重要环节，国家各部委也陆续出台各种政策来促进我国城市向低碳、生态、绿色方向发展。财政部与住房和城乡建设部联合印发了《关于加快推动我国绿色建筑发展的实施意见》（财建〔2012〕167号），明确提出推进绿色生态城区建设，规模化发展绿色建筑。多项政策鼓励城市新区按照绿色、生态、低碳理念进行规划设计，以体现资源节约和环境保护的要求，集中连片发展绿色建筑。

　　国家标准《绿色生态城区评价标准》GB/T 51255—2017于2017年7月31日发布，2018年4月1日实施，建立了符合中国国情的绿色生态城区的目标体系与技术体系。尽管绿色生态城区是在我国建设生态城市过程中提出的一个切合实际的发展目标，但由于各地指导政策的缺失，以及内涵理解的不充分等原因，在规划建设的实际中尚存在一些误区与问题，阻碍了绿色生态城区的发展，如：孤立地处理各章内容，未能整体理解生态城区内涵；未能针对不同项目的特殊性而因地制宜地实施部分条款；对于创新项的技术缺乏了解，等等。目前我国绿色生态城区的发展仍处于探索阶段，为了更好地贯彻实施绿色生态城区评价标准，更深更广地开展中国城镇化建设，推进中国绿色生态城区的良性发展，急需针对实施过程遇到的问题进行梳理与总结，并开展《绿色生态城区评价标准技术细则》的编制工作，给绿色生态城区的规划、设计、建设和管理提供更加规范的具体指导，以推进绿色生态理论和实践的探索与创新。

　　本书由中国城市科学研究会绿色建筑与节能专业委员会主任委员王有为研究员担任主编，浙江大学建筑工程学院葛坚教授和北京城建设计发展集团股份有限公司刘京教授级高工担任副主编，编委会成员有张津奕、程大章、王磐岩、吕伟娅、于兵、马素贞、田炜、张智栋、冯蕾、李迅、王清勤、薛峰、叶青、李文龙、刘少瑜、郭振伟、罗晓予、陈乐端、曹博、李宝鑫。具体分工如下：第1~3章王有为、李迅、王清勤、曹博，第4章张津奕、薛峰、陈乐端、李宝鑫，第5章王磐岩、吕伟娅，第6章田炜、叶青，第7章葛坚、吕伟娅、马素贞、李文龙、罗晓予，第8章刘京，第9章程大章、于兵，第10章冯蕾，第11章张智栋、刘少瑜，第12章王有为、葛坚、刘京、张津奕、程大章、吕伟娅、马素贞，附录郭振伟。

　　本书由浙江省重点研发计划项目（项目编号：2021C03147）资助完成。

目 录

1 总则 1

2 术语 7

3 基本规定 11

3.1 基本要求 12

3.2 评价与等级划分 15

4 土地利用 21

4.1 控制项 22

4.2 评分项 24

5 生态环境 43

5.1 控制项 44

5.2 评分项 49

6 绿色建筑 65

6.1 控制项 66

6.2 评分项 67

7 资源与碳排放 79

7.1 控制项 80

7.2 评分项 87

8 绿色交通 105

8.1 控制项 107

8.2 评分项 110

9 信息化管理 127

9.1 控制项 129

9.2 评分项 138

10 产业与经济 163

10.1 控制项 165

10.2 评分项 167

11 人文 177

11.1 控制项 179

11.2 评分项 182

12 创新项 199

12.1 一般规定 200

12.2 加分项 200

附录 标识申请与评价 232

参考文献 235

图片来源 236

总 则

1

1.0.1 为促进城市绿色发展，提升人居环境，保护生态，实现低碳，规范绿色生态城区的评价，制定本标准。

▤ 条文说明扩展

2020年9月22日，习近平主席在第七十五届联合国大会上提出，中国"二氧化碳排放力争于2030年前达到峰值，努力争取2060年前实现碳中和"。[①] 2021年全国两会，"碳达峰"和"碳中和"首次被写入政府工作报告。"碳达峰"与"碳中和"不仅涉及国际气候议题中各国博弈与减排责任之间的关系，也与中国可持续发展目标息息相关。根据《中国建筑节能年度发展研究报告2020》，我国建筑碳排放总量整体呈现出持续增长趋势，2019年达到约21亿t，占总碳排放的21%（其中直接碳排放约占总碳排放的13%）。建筑行业如何快速实现碳排放达峰并实现深度减排，不影响人居环境品质的改善和人民群众的幸福感和获得感，是我国应对气候变化目标中的重要议题。

节约资源和保护环境是我国的一项基本国策。新型工业化、信息化、城镇化、农业现代化是中国转型发展的方向。2019年中国城镇化水平已经达到60.6%，仍处在快速发展阶段。在快速城镇化的带动下，我国还将需要建设诸多新城新区，同时大量既有建成城区也面临着更新改造提升。从低城镇化率到高城镇化率，从传统城镇化到新型城镇化，中国经济面临着前所未有的机会，中国社会也面临着前所未有的挑战。新城区建设如果沿用老的发展模式，必然面临资源透支、生态退化、环境恶化的不可持续态势。走新的发展道路，摆脱落后的传统路径依赖，建立起创新的符合我国新型四化方向的中国模式，提出绿色生态城区发展理念就是一种新的探索形式。

《国务院办公厅关于转发发展改革委住房城乡建设部绿色建筑行动方案的通知》（国办发〔2013〕1号）中提出了"积极引导建设绿色生态城区，推进绿色建筑规模化发展"的要求。2013年3月，中华人民共和国住房和城乡建设部发布《"十二五"绿色建筑和绿色生态城区发展规划》提出在"十二五"末期，要求实施100个绿色生态城区示范建设。2019年10月29日，国家发展和改革委员会印发了《绿色生活创建行动总体方案》（发改环资〔2019〕1696号），提出统筹开展包括节约型机关、绿色家庭、绿色学校、绿色社区、绿色出行、绿色商场、绿色建筑七个重点领域的创建行动，提出到2022年全国绿色生活创建行动取得显著成效。

[①] 新华社. 习近平在第七十五届联合国大会一般性辩论上发表重要讲话[EB/OL]. 中国政府网，（2020–09–22）. http://www.gov.cn/xinwen/2020–09/22/content_5546168.htm.

"十二五"以来，我国绿色生态城区快速发展。随着生态城区各项工作的逐步推进，绿色生态城区的内涵和外延不断丰富，各行业、各类别城区践行绿色理念的需求不断提出。为指导绿色生态城区的建设，规范绿色生态城区的评价工作，根据住房和城乡建设部的要求，由中国城市科学研究会会同中国建筑科学研究院、中国城市规划设计研究院等单位制定了国家标准《绿色生态城区评价标准》GB/T 51255—2017。该标准从过去的单体绿色建筑"四节一环保"的理念拓展到区域的绿色理念，遵循我国经济社会发展中的绿色、生态、低碳三大要素，结合本土条件因地制宜地以保护生态为基础、发展绿色为主旋律、低碳为最终目标，使我国新型城镇化步入可持续发展的轨道。

1.0.2 本标准适用于城区的绿色生态评价。

📋 条文说明扩展

本标准适用范围考虑以新城区为主。新城区建设一般依托在原有的城市旁，故本标准特别强调新建城区需在原有城市的规划范围内，即原有的城市总体规划、详细规划必须包含新城区的内容。考虑到国内有些城市已开始实施大规模的城市改造，旧城区改造可参照本标准实施运管阶段的评价执行。实际操作时可由专家根据实际情况酌情判断打分。

传统的居住区规划，强调设施的配置总量和人均面积达标，对设施的服务半径管控不够重视，往往造成设施配置与居民实际使用需求匹配度较低的问题。结合各类设施的服务人口和服务半径情况，将设施细分为15min（800~1000m）、10min（500m）、5min（200~300m）三种可达类型，在评价居住区公共服务设施的短板时，重点针对设施的步行可达距离。

社区生活圈指居民以家为中心，一日开展包括购物、休闲、通勤（学）、社会交往等各种活动所构成的行为和空间范围。强调以人为本的规划思路，尝试以社会居民行为需求的角度优化调整空间供给，形成以人的生活活动特征和需求为出发点，全面关注社会生活品质提升的更高效、更高质的社会层面规划。

按照国家发展改革委《绿色生活创建行动总体方案》部署要求，开展绿色社区创建行动，有下述五项内容：①建立健全社区环境建设和整治机制，②推进社区基础设施绿色化，③营造社区宜居环境，④提高社区信息化、智能化水平，⑤培育社区绿色文化。

城区面积从几平方千米至几十平方千米，人口从几万人到几十万人，北京上海均建十几个新城，各省都将建几十个新城区，内容涉及土地利用、生态保护、绿色交通、能源利用、智慧城市，这些既是现代化、以人为本的国计民生的大问题，又是国家民族可持续发展的根本性问题，聚焦"城区"这个关键词，才抓住了国家绿色发展的纲领本质，这也是国家标准《绿色生态城区评价标准》GB/T 51255—2017的由头。

城市化的高速发展，使原有的城市划分标准已经不适应现实的需要，中小城市绿皮书

《中国中小城市发展报告（2010）：中小城市绿色发展之路》，依据中国的城市人口规模现状，提出全新划分标准：

　　①超大城市：城市人口1000万以上；

　　②特大城市：城市人口500万至1000万；

　　③大城市：城市人口300万至500万　Ⅰ型大城市，

　　　　　　　城市人口100万至300万　Ⅱ型大城市；

　　④中等城市：城市人口50万至100万；

　　⑤小城市：城市人口20万至50万　Ⅰ型小城市，

　　　　　　　城市人口20万以下　Ⅱ型小城市。

本标准适用范围考虑以城区为主，故本标准特别强调新建城区需在原有城市的规划范围内，即原有的城市总体规划，详细规划必须包含有新城区的内容。考虑到国内有些城市已开始实施大规模的城市改造，旧城区改造可参照本标准实施运营阶段的评价执行。

1.0.3　绿色生态城区评价应遵循因地制宜的原则，结合城区所在地域的气候、环境、资源、经济及文化等特点，对城区的土地利用、生态环境、绿色建筑、资源与碳排放、绿色交通、信息化管理、产业与经济、人文等元素进行综合评价。

📑 条文说明扩展

我国各地区在气候、环境、资源、经济社会发展水平与民俗文化等方面都存在较大差异，因地制宜始终是开展绿色评价工作的灵魂。绿色生态城区较绿色建筑范围更大，内容更多，情况更复杂，必须因地制宜下功夫，制定科学合理、技术适用、人文宜居、经济实用的可持续发展方案。

本标准的指导思想是设定并严守资源消耗的上限，环境质量的底线，生态保护的红线。本标准除规定自然生态（生物多样性、绿化、湿地、基地保水）外，还纳入了社会日益重视的大气环境、地表水环境质量、区域环境噪声、垃圾处理、热岛效应、二氧化碳减排这些环保因素，拓宽了原有绿色建筑中室内外环境质量内涵，将其上升到区域的环境质量。建筑要素也超越了原单体建筑的绿色内涵，用城市设计的新理念明确了建筑体量、尺度、色彩、形状、整体风貌等要求。本标准紧紧围绕绿色发展的基本理念制定措施。信息化、二氧化碳排放、人文教育、产业经济等条文内容与绿色生态发展密切相关。本标准具有鲜明的中国特色，也可供世界各国城市在各自城市建设发展中参考借鉴。

本标准编制中有四条基本原则，即软硬结合、虚实结合、宽严结合、远近结合。过去的技术标准以硬指标为准，有定量与定性两方面考虑，本标准编制时，考虑到城镇化的综合内容，掺进了软科学的内容，即产业经济、绿色人文两类指标。新城新区要考虑GDP

与就业两大问题，必然涉及产业与经济的问题，地方政府领导十分重视这两个经济与社会的要素。实践表明，绿色发展并不完全依靠技术与措施，更重要的是全民树立绿色理念，这才是立国之本。

中央城市工作会议以后，提出了城市设计的新概念，即保护自然山水格局、传承历史文脉、彰显城市文化、塑造风貌特点、提升环境品质的五大目标，对城市形态、空间品质和景观风貌进行构思和控制，其中最难的是塑造风貌特色。初看是理论务虚，实质有很多落地的内容。

由于中国疆土面积大，资源差异大，评价时不能采取一刀切的方法。如中国总体来讲是缺水的国家，北方属资源型缺水，南方系水质型缺水，地表水质的差别特别是三、四、五类水差异很大，我们就采取宽严结合的原则，五类水得1分，四类水得3分，三类水得5分，鼓励各地提高水质，改善人民的生活质量。

由于农药、化肥的超量使用，垃圾填埋的不当，我国的土壤污染情况突出，国家正在制定土壤治理的系列政策，我们就在评分项中对土壤环境污染进行调查评价并主动治理达标奖励给分。

评价实践中，这四条基本原则对新型城镇化的推进、深化有明显的作用，也是国家高质量发展中的一个侧面。

1.0.4 绿色生态城区评价，除应符合本标准的规定外，尚应符合国家现行有关标准的规定。

📋 条文说明扩展

符合国家法律法规和相关标准是进行绿色生态城区评价工作的前提条件。本标准重点关注在城区的绿色、生态、低碳特征，并未涉及公共安全、市政设施、市容卫生等城区应有的全部特性，故参与评价的城区尚应符合国家现行有关标准的规定。

术语

2

2.0.1　绿色生态城区
green eco-district

在空间布局、基础设施、建筑、交通、生态和绿地、产业等方面，按照资源节约环境友好的要求进行规划、建设、运营的城市建设区。

2.0.2　城区湿地资源保存率
urban wetland resources conservation rate

城区规划建设前后对基地中纳入城市蓝线范围内，具有生态功能的天然或人工、长久或暂时性的沼泽地、泥炭地或水域地带，以及低潮时水深不超过6m的海域面积的保存比率。

2.0.3　节约型绿地
resource-saving green land

依据自然和社会资源循环与合理利用的原则进行规划设计和建设管理，具有较高的资源使用效率和较少的资源消耗的绿地。

2.0.4　绿色建材
green building material

在全生命周期内可减少对天然资源消耗和减轻对生态环境影响，具有"节能、减排、安全、便利和可循环"特征的建材产品。

2.0.5　绿色交通
green transportation

满足交通需求，提高交通效率，使城市交通通达有序、安全舒适、低能耗、低污染的城市交通体系。

2.0.6 绿色交通出行率
percentage of green travel

通过各种绿色交通方式出行的总量与区域交通出行总量的比值。绿色交通方式包括步行交通、自行车交通、公共交通（含公共汽车、轨道交通）。

基本规定

3

3.1 基本要求

3.1.1 绿色生态城区的评价应以城区为评价对象，并应明确规划用地范围。

📖 条文说明扩展

《国家新型城镇化规划（2014—2020年）》明确提出城市"三区四线"规划管理，即满足禁建区、限建区、适建区和绿线、蓝线、紫线、黄线的规划管理，申报方申报的城区必须是在由上级批准的明确的规划用地范围内。

城区的规模是评价工作无可回避的定量指标，一直存在着不同的意见。早期根据城市规划专家的经验，将城区规模下限设为3km²。在东部地区和南方地区一些土地资源紧张的大城市，绿色生态城区建设方往往希望放宽下限标准，如上海甚至提出过下限为0.5km²。而部分专家则希望提高城区面积的下限，原因为在实施过程中，对于交通、市政设施、能源系统、生态环境等内容，当区域面积过小时不可能具有独立性，难以作出科学合理的规划。目前国内较多地区的情况是在10~20km²的范围内建设新城新区。绿色生态城区建设往往是分期逐步实施，起步的核心区一般还是在3~5km²的范围内，建设周期也需要五年左右。如果是上百平方千米的新城区，一步到位全面开花兴建，也不是科学行为。故本标准对城区规模不设上下限，但是强调了实事求是、因地制宜、分期实施的原则。

在评价过程中，对于城区内的系统性、整体性指标计算，强调要基于该指标所覆盖的范围或区域进行总体评价。计算的区域边界应选取合理、口径一致。常见的系统性、整体性指标包括有：人均居住用地、绿地率、人均公共绿地、场地雨水综合径流系数等。

3.1.2 绿色生态城区评价应分为规划设计评价、实施运管评价两个阶段。

📖 条文说明扩展

本条对评价阶段划分作出规定。《关于印发〈绿色建筑评价标识实施细则（试行修订）〉等文件的通知》（建科综〔2008〕61号）明确将绿色建筑评价标识分为"绿色建筑设计评价标识"和"绿色建筑评价标识"。经过多年的工作实践，证明了这种分阶段评价的可行性，以及对于我国推广绿色建筑的积极作用。因此，结合绿色生态城区评价的实际需要，以及便于更好地与相关管理文件配合使用，本标准将绿色生态城区的评价分为规划设计评价和实施运管评价两个阶段。

　　绿色生态城区建设周期较长，所以当规划设计完成后可以先进行第一阶段评价，目的不仅是肯定与鼓励，更重要的是可以发现问题并及时整改，有效指导建设施工。第二阶段评价是由于城区的建设期长达五年以上，因资金到位情况、领导与管理机构、建设单位、材料产品与施工质量，以及运营组织的协调会在建设过程中发生改变，并影响绿色生态城区的建成效果。所以设置实施运营阶段评价是必要的。其他国家对绿色生态城区的评价往往局限于规划设计，缺乏对建设效果的评判。故本标准注重建设效果的评价是具有中国特色的，两个阶段的内涵及分值权重稍有差异。

　　规划设计评价是在城区规划方案批准后进行，重点评价城区建设或改造方面采取的"绿色措施"和预期效果上；而实施运管评价是在规划方案实施完成率不低于60%后进行，不仅要评价"绿色措施"，而且要评价这些"绿色措施"所产生的实际效果。简而言之，规划设计评价所评的是城区建设或改造之前的规划设计，实施运管评价所评的是不低于60%的规划方案实施之后并投入运行的城区。

3.1.3　绿色生态城区规划设计评价阶段应具备下列条件：

　　1　相关城市规划应符合绿色、生态、低碳发展要求，或城区已按绿色、生态、低碳理念编制完成绿色生态城区专项规划，并建立相应的指标体系；

　　2　城区内新建建筑全面执行现行国家标准《绿色建筑评价标准》GB/T 50378中一星级及以上的标准；

　　3　制定规划设计评价后三年的实施方案。

📋 **条文说明扩展**

　　规划设计阶段的评价主要是对绿色生态城区的预期效果的评价。本标准的名称为绿色生态城区评价标准，实际上绿色建筑、绿色交通、生态环境、产业规划等内容都隐含着低碳的理念，所以规划设计阶段，明确指出按绿色、生态、低碳理念完成总体规划，控制性详细规划以及建筑、市政、交通、能源、水资源利用等专项规划，并制定相应的建设计划和指标体系，从而从总体构架上控制了绿色、生态、低碳三大理念的实现。《国家新型城镇化规划（2014—2020年）》明确绿色城市的建设重点六个方面，即绿色能源、绿色建筑、绿色交通、产业园区的循环化改造、城市环境综合整治、绿色新生活行动，与本标准的指标体系基本吻合。国家绿色建筑的发展目标已经明确：至2015年至少建成10亿m²绿色建筑，至2020年新建建筑至少有50%达到绿色建筑标准。建筑能耗与碳排放可以借助于绿色生态城区的进展取得明显的效果。

　　规划设计阶段评价应具备的条件，原则上是按中央文件的规定要求。在编制工作初期征求意见中普遍认为开工建设规模不小于200万m²的条件太苛刻，难以做到。所以在条文说明中适当放宽，增加了"制定规划设计评价后三年的实施方案"，就是为实施运营评价提供背景依据，也意味着两阶段评价的时间差要三年以上。绿色生态城区的建设周期较长，内涵也会随国内外发展形势而动态变化，为了能相对稳定地按规划发展，有必要制定短期的实施方案。本标准规定需制定自规划设计评价后三年开展实施运管方案。

3.1.4 绿色生态城区实施运管评价阶段应具备下列条件：

1 城区内主要道路、管线、公园绿地、水体等基础设施建成并投入使用；
2 城区内主要公共服务设施建成并投入使用；
3 城区内具备涵盖绿色生态城区主要实施运管数据的监测或评估系统；
4 比照批准的相关规划，规划方案实施完成率不低于60%。

📋 条文说明扩展

本标准的评价是对已建成的绿色生态城区的实际效果作出评价。城区建设周期长，城区规划不一，如何把握实施运管评价的时间起始点。鉴于国内外均处于探索阶段，本标准对主要公共服务设施（政府办公楼、学校、医院、商店、旅馆等）已建成并投入使用进行了规定。期望城区初具规模后，能营造出正常的生活工作环境。为了增加可操作性，规划方案比照批准的相关规划，其实施完成率不低于60%，便于申报单位自查时，做到心中有数。

3.1.5 申请评价方应对城区绿色生态低碳发展建设情况进行经济技术分析，并提交相应分析、测试报告和相关文件，基本内容应包括：城区规模、交通系统、能源使用与生态建设，选用的技术、设备和材料，对规划、设计、施工、运管进行管控情况。

📋 条文说明扩展

申请评价方依据有关管理制度制定文件。根据本土条件，合理确定城区规模、人口规模、建筑规模、绿化规模，交通规划、能源与生态规划，如同绿色建筑一样，需综合考虑性能、安全、耐久、经济、美观等因素，强调采用适用的技术、设备和材料，突出优化和集成技术、设备和材料，反对高科技堆砌的指导思想，并按本标准的要求提交相应分析、测试报告和相关文件。城区与单体建筑相比，内涵更宽泛：包括复杂的生态环境、交通环境、能源系统、水系统、市政系统、智能系统。鉴于现阶段要进行规划建设和运营管理全过程的技术经济分析，基础数据不足，条件不成熟，故暂不涉及绿色生态城区的全寿命的含义。

3.1.6　评价机构应按本标准的有关要求，对申请评价方提交的报告、文件进行审查，并进行现场考察，确定评价等级，出具评价报告。

条文说明扩展

　　绿色生态城区评价机构依据有关管理制度文件确定。本条对绿色生态城区评价机构的相关工作提出要求。绿色生态城区评价机构应按照本标准的有关要求审查申请评价方提交的报告、文档，并在评价报告中确定等级。对申请实施运管评价的生态城区，评价机构还应组织现场考察，进一步审核规划设计要求的落实情况以及城区的实际性能和运行效果。

3.2　评价与等级划分

3.2.1　绿色生态城区评价指标体系包括土地利用、生态环境、绿色建筑、资源与碳排放、绿色交通、信息化管理、产业与经济、人文等8类指标，以及技术创新。土地利用、生态环境、绿色建筑、资源与碳排放、绿色交通、信息化管理、产业与经济、人文等指标均应包括控制项和评分项。评分项总分应为100分。技术创新项应为加分项。

条文说明扩展

　　本标准为新编标准。根据我国的实践经验及国际先进经验，在充分考虑绿色生态城区特点及绿色生态城区今后发展方向的基础上，绿色生态城区评价指标体系由土地利用、生态环境、绿色建筑、资源与碳排放、绿色交通、信息化管理、产业与经济、人文8类指标组成。从多个方面与角度进行创新和有机综合，体现绿色生态城区可持续发展理念。标准的主要技术内容为绿色生态城区评价指标体系、大类指标权重、具体指标分值以及综合评分方法。

　　各类指标均设控制项和评分项。为了更清晰地表达各指标的内涵组成结构，又将多项指标进行分解，便于工程技术人员理解和使用。评价指标体系的后端又设置了技术创新章节，将更高的标准或超前的要求均置入此加分项。

　　具体指标（评价条文）方面，根据前期各方面的调研成果，以及征求意见和项目试评两方面工作所反馈的情况，以标准制定后达到各评价等级的难易程度和尽量使各星级绿色生态城区标识数量呈金字塔形分布为出发点，通过补充细化、删减简化、修改内容和指标、新增、取消、拆分、合并、调整章节位置或指标属性等方式进一步完善了评价指标体系。

3.2.2 控制项的评定结果为满足或不满足。评分项的评定结果应为根据条、款规定确定得分值或不得分。技术创新项的评定结果为某得分值或不得分。

📋 **条文说明扩展**

本条对标准条文的评定结果做出规定。首先控制项的评价，依据条文规定确定满足或不满足；评分项的评价，根据对具体评分子项或达标程度确定得分值，若不满足条文规定则得分为零；加分项的评价，依据评价条文的规定确定得分或不得分。

本标准评分项的赋分有以下几种方式：

1. 一条条文评判一类性能或技术指标，且不需要根据达标情况不同赋以不同分值时，赋以一个固定分值，该评分项的得分为0分或固定分值，在条文主干部分表述为"评价分值为某分"。

[举例]

本标准第4.2.9条中规定："规划建设中利用山体林地、河流、湿地、绿地、街道等形成连续的开敞空间和通风廊道，且宽度不小于50m，评价分值为10分。"

如果满足该条文要求，即城区内利用山体林地、河流、湿地、绿地、街道等形成连续的开敞空间和通风廊道宽度要达到50m及以上，参评项目可在本条得满分，也就是10分；如果不满足该条文要求，参评项目在本条得分为0分。

2. 一条条文评判一类性能或技术指标，需要根据达标情况不同赋以不同分值时，在条文主干部分表述为"评价总分值为某分"，同时在条文主干部分将不同得分值表述为"得某分"的形式，且从低分到高分排列；递进的档次特别多或者评分特别复杂的，则采用列表的形式表达，在条文主干部分表述为"按某表的规则评分"。

[举例]

本标准第5.2.11条规定："区域环境噪声质量达到现行国家标准《声环境质量标准》GB 3096的规定，评价总分值为5分。环境噪声区达标覆盖率达到80%，得1分；达到90%，得3分；达到100%，得5分。"

本条评价城区内区域环境噪声质量水平，如果达标覆盖率未达到80%，参评项目在本条得分为0分；该比例位于80%～90%之间（包括80%，但不包括90%，下同），参评项目可在本条得1分；该比例位于90%～100%之间，参评项目可在本条得3分；该比例达到100%，参评项目可在本条得满分，也就是5分。

3. 一条条文评判一类性能或技术指标，但需要针对不同城区类型或特点分别评判时，针对各种类型或特点按款或项分别赋以分值，各款或项得分均等于该条得分，在条文主干部分表述为"评价总分值为某分，并按下列规则评分"。

[举例]

本标准第5.2.2条规定："城区实施立体绿化，各类园林绿地养护管理良好，城区绿化覆盖率较高，评价总分值为10分，并按下列规则分别评分并累计：

    1 绿化覆盖率达到37%，得3分；达到42%，得4分；达到45%，得5分；

    2 园林绿地优良率85%，得3分；优良率90%，得4分；优良率95%，得5分。"

本条评价城区的绿化水平，因为衡量该指标主要依据绿化覆盖率和园林绿地优良率，故本条设置了两款，可以根据对应的条款进行评价，然后计算得分。

4. 一条条文评判多个技术指标，将多个技术指标的评判以款或项的形式表达，并按款或项赋以分值，该条得分为各款或项得分之和，在条文主干部分表述为"评价总分值为某分，并按下列规则分别评分并累计"。

[举例]

本标准第9.2.1条规定："建立城区公共安全系统，并实行消防监管，评价总分值为14分，并按下列规则分别评分并累计：

    1 城区具有公共安全系统，得7分；

    2 城区具有消防监管系统，得6分；

    3 城区具有综合应急指挥调度系统，得1分。"

本条主要评价城区公共安全系统是否全面，涉及多个技术措施，包括公共安全系统、消防监管系统、综合应急指挥调度系统等，故设置了三款进行分别评价。参评项目在本条的最终得分是各款的得分之和。

5. 可能还会有少数条文出现其他评分方式组合。

在标准的评分项和加分项条文主干部分给出了该条文的"评价分值"或"评价总分值"，是该条可能得到的最高分值。各评价条文的分值，经广泛征求意见和试评价后综合调整确定，能够代表某技术或措施对绿色生态城区性能的贡献大小。

3.2.3 评价指标体系8类指标各自的评分项得分Q_1、Q_2、Q_3、Q_4、Q_5、Q_6、Q_7、Q_8，应按参评城区的评分项实际得分值除以适用于该城区的评分项总分值再乘以100分计算。

  ▤ **条文说明扩展**

本条规定了8类指标评分项得分的计算方法。本条规定对8类指标的每类指标分别赋值100分，即"理论满分"。在实际评价中，具体参评城区因所处地域的气候、环境、资源等方面客观上存在差异，虽然在标准编制过程中尽量扩展标准条文的适用范围，但仍会存在一些条或款不适用某具体城区，对不适用的评分项条文不予评定。这样，适用于各参评城区的评分项的条文数量和总分值可能不一样，各指标的理论满分将不能达到100分。为了能够合理地评价不同地区、不同类型的城区，本标准采用参评城区实际采用的"绿色措施"和（或）效果占理论上可以采用的全部"绿色措施"和（或）效果的比率来计算理论得分。理论得分的计算方法为，首先计算参评城区某类指标评分项的实际得分值与适用于该参评城区的评分项总分值的比率，然后再用该比率乘以理论满分（100分），即：

$$实际满分=理论满分（100分）-\sum 不参评条文分值=\sum 参评条文分值$$

$$理论得分（Q_1 \sim Q_8）=\left(\frac{实际得分}{实际满分}\right)\times 100$$

例如某项目在指标"土地利用"的不参评条文分值为10分，则实际满分=100-10=90分，在评价过程中实际得到72分，则理论得分$Q_1=\left(\dfrac{72}{90}\right)\times 100=80$分。

对某一具体的参评城区，某一条条文或其款（项）是否参评，可根据标准条文、条文说明或本实施细则的条文释义进行判定。对某些标准条文、条文说明或本实施细则的条文释义均未明示的特定情况，某一条条文或其款（项）是否参评，可根据实际情况进行判定。

本标准中加分项是为了鼓励绿色生态城区的创新而设置，并非评价绿色生态城区的必要条件。在评价过程中不对加分项的附加得分进行折算，只需按照加分项条文评价是否得分，并按本标准第12章确定附加得分。

3.2.4 技术创新项的附加得分Q_{chx}按本标准第12章的有关规定确定。

📃 条文说明扩展

本标准第12.2节对城区性能提高与创新进行评价，第12.1节对加分项的评分规则作了规定。

加分项的附加得分Q_{chx}的确定方式与评价指标体系8类指标得分$Q_{1\sim 8}$不同。加分项评定时，对参评城区不适用的条文直接按不得分处理。

3.2.5 绿色生态城区评价的总得分可按式（3.2.5）进行计算，其中评价指标体系8类指标评分项的权重$W_1 \sim W_8$按表3.2.5取值。

$$\Sigma Q=W_1Q_1+W_2Q_2+W_3Q_3+W_4Q_4+W_5Q_5+W_6Q_{6+}W_7Q_7+W_8Q_8+Q_{chx} \qquad （3.2.5）$$

表3.2.5 绿色生态城区分项指标权重

项目	土地利用 W_1	生态环境 W_2	绿色建筑 W_3	资源与碳排放W_4	绿色交通 W_5	信息化管理W_6	产业与经济W_7	人文 W_8
规划设计	0.15	0.15	0.15	0.17	0.12	0.10	0.08	0.08
实施运管	0.1	0.1	0.1	0.15	0.15	0.15	0.15	0.1

📋 **条文说明扩展**

本标准对各类指标在绿色生态城区评价中的权重作出规定。表3.2.5给出了规划设计评价、实施运管评价时各分项指标的权重。

8类指标在规划设计阶段和实施运管阶段对"绿色生态"的贡献是不同的，权重系数对总得分的大小有一定的敏感性。根据国内外发展情况，反复讨论并征求社会意见，选择了不同地域的城区进行试评价，最后制定了表3.2.5中的各分类指标在两个阶段中的权重系数。

按体系表评分的结果必然有个等级给定。国际上对绿色的评定一般划分为3或4个等级，如美国LEED标准就划分为白金、金、银、铜4个等级。鉴于我国的基础研究的广度和深度的不足，量化数据有限，所以中国的绿色系列标准基本上均划分为一星、二星和三星3个等级。3个等级的绿色生态城区均应满足本标准所有控制项的要求。

如同现行《绿色建筑评价标准》GB/T 50378评价分为规划设计评价、实施运营评价两个阶段，这是中国特色的评价，不同于其他国家的评价。两个阶段的内涵及分值权重是不一样的。3个等级的门槛为50分、65分、80分，如此设定的指导思想是绿色生态城区一般情况下基本能划到一星级，二星级需做出一定的努力才能达到，三星级则是最高级，是需要艰苦努力才能取得的。

3.2.6 绿色生态城区评价按总得分确定等级。绿色生态城区分为一星级、二星级、三星级3个等级。3个等级的绿色生态城区均应满足本标准所有控制项的要求。当绿色生态城区总得分分别达到50分、65分、80分时，绿色生态城区等级分别为一星级、二星级、三星级。

📋 **条文说明扩展**

本条对绿色生态城区等级划分和划分依据作了规定。与国家标准《绿色建筑评价标准》GB/T 50378—2014的评价结果保持一致，本标准也将绿色生态城区分为3个等级，即当总得分分别达到50分、65分、80分时，绿色生态城区等级分别为一星级、二星级、三星级。为了保证绿色生态城区的最基本的性能，获得星级的绿色生态城区必须满足本标准中所有控制项的要求。当城区建设或改造不全面时，很难保证每一类指标的基本得分，所以在本标准中对单类指标最低得分不作要求。

在确定所有控制项的评定结果均为满足的前提之下，分值计算及分级步骤如下。

1. 分别计算各类指标中适用于项目不参评条文总分值、参评条文总分值和实际得分值。其中参评条文总分值=100分−不参评条文总分值，而该项目的评分项实际得分值为每个指标中各条文实际得分之和。这三个分值必然都是小于或等于100分的自然数。

2. 分别计算各类指标评分项理论得分Q_i（不含加分项附加得分Q_{chx}）。分别将各类指标的评分项实际得分值除以该类指标的参评条文总分值再乘以100分，计算得到该类指标评分项得分Q_i。对于各类指标评分项理论得分Q_i，进行四舍五入后保留精度为小数点后一位。

3. 计算加分项附加得分Q_{chx}。需要注意的是，加分项不再考虑不参评情况。根据本标准第12.1.2条文规定，Q_{chx}最高为10分。

4. 选取评分项权重值W_i，计算绿色生态城区评价总得分$\sum Q$。按照项目评价阶段和建筑类型，查本标准表3.2.5确定评分项权重值W_i。再将分别计算得到的各类指标评分项得分Q_i，及对应的权重值W_i，按本标准公式3.2.5计算得到绿色生态城区评价总得分$\sum Q$。对$\sum Q$的小数部分进行四舍五入，简化为一个自然数。如$\sum Q$没有达到50分，则不必继续后续步骤。

5. 确定绿色生态城区等级。根据$\sum Q$，对照本标准第3.2.6条所列50分、65分、80分的要求，确定项目一星级、二星级、三星级的绿色生态城区等级。

土地利用

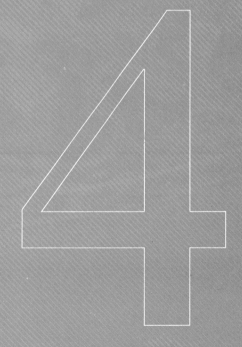

　　土地利用是绿色生态城区规划建设的第一步，关系到落实土地宏观调控政策、强化土地用途管制、保护生态环境、实现土地的节约集约使用。在城区的土地利用过程中，应根据自然条件、生态禀赋、社会经济条件、历史人文特点等，对各类用地进行科学布局与合理开发。本章通过两条控制项和十条评分项来约束和评价绿色生态城区的土地利用。在控制项中提出两条强制性要求，一是要符合所在地上位规划，二是从职住平衡的角度提出土地功能的复合性利用。在评分项中从土地混合开发和规划布局两方面提出要求，旨在节约土地资源、集约土地利用、实现节能减排。在混合开发方面通过土地功能的混合利用、公共交通导向的土地开发模式及地下空间的合理开发来评价是否方便居民出行，减少钟摆交通，节约集约利用土地资源。在规划布局方面对城区市政路网密度、居住区公共服务设施服务半径、公共开放空间和城区绿地率等方面提出要求，通过合理规划来降低交通拥堵、改善城区生态环境、提升城区服务功能、提高居民生活质量。同时对居住建筑朝向以及城市重点地段城市设计也进行评价，以减少能耗，体现地域特色和时代风貌。对于既有城区改造项目，规划布局方面要注重有利于促进"生态修复、城市修补"的要求，体现城市"双修"中生态宜居的理念。

4.1　控制项

4.1.1　城区规划应符合所处地域城乡规划要求。

📋 **条文说明扩展**

　　《中华人民共和国城乡规划法》第二条明确："本法所称城乡规划，包括城镇体系规划、城市规划、镇规划、乡规划和村庄规划"；第四条规定："制定和实施城乡规划，应当遵循城乡统筹、合理布局、节约土地、集约发展和先规划后建设的原则，改善生态环境，促进资源、能源节约和综合利用，保护耕地等自然资源和历史文化遗产，保持地方特色、民族特色和传统风貌，防止污染和其他公害，并符合区域人口发展、国防建设、防灾减灾和公共卫生、公共安全的需要"；第九条规定："任何单位和个人都应当遵守经依法批准并公布的城乡规划，服从规划管理，并有权就涉及其利害关系的建设活动是否符合规划的要求向城乡规划主管部门查询"。因此，城区规划必须符合所在地城乡规划。已经批准实施的城乡规划具有一定的法律效力，其规划内容中已对场地及周边交通组织和环境质量都作了周密考虑，服从各级规划的要求可以使场地与周围环境协调统一。

此外如果城区选址中包含各类保护区、不可移动文物和历史建筑等还需满足相应保护的建设控制要求。各类保护区是指受到国家法律法规保护、划定有明确的保护范围、制定有相应的保护措施的各类政策区，主要包括：基本农田保护区（《基本农田保护条例》）、风景名胜区（《风景名胜区条例》）、自然保护区（《自然保护区条例》）、历史文化名城名镇名村（《历史文化名城名镇名村保护条例》）、历史文化街区（《城市紫线管理办法》）等。不可移动文物是指人类在历史上创造的具有价值的不可移动的实物遗存，包括地面与地下的古遗址、古建筑、古墓葬、石窟寺、古碑石刻、近代代表性建筑、革命纪念建筑等，包括各级文物保护单位和尚未核定公布为文物保护单位的不可移动文物。历史建筑是指经城市、县人民政府确定公布的具有一定保护价值，能够反映历史风貌和地方特色，未公布为文物保护单位，也未登记为不可移动文物的建筑物、构筑物。

⊙ 具体评价方式

本条适用于各类城区的规划设计评价、实施运管评价。

设计评价：审核政府部门审批的城区所在地总体规划及控制性详细规划、城区修建性详细规划及城市设计导则等相关规划审批文件。一方面审核城区土地利用情况是否符合城区所在地的总规要求；另一方面审核城区内建设项目用地是否符合城区所在地的控规要求。

实施运管评价：在设计评价之外还应现场核查。

4.1.2　城区规划应注重土地功能的复合性，建设用地至少包含居住用地（R类）、公共管理与公共服务设施用地（A类）、商业服务业设施用地（B类）等三类。

📋 条文说明扩展

土地的混合开发要体现职住平衡的理念，一方面可以增加城区居民生活的便捷性，另一方面减小居民出行距离，为绿色出行提供基础，同时还可以有效地解决"死城""黑城"的问题。美国绿色建筑标准LEED-ND对可持续场地设计中的规定为"至少30%的建筑面积为住宅"；德国相关标准要求"居住用地比例不少10%、不多于90%"；我国《城市用地分类与规划建设用地标准》GB 50137—2011中规定居住用地（R类）比例不少于25%、公共管理与公共服务设施用地（A类）不少于5%，本条中要求建设用地至少包含R类、A类、B类，有助于促进城区土地功能的复合性。由于疫情的爆发，规划设计中体现功能复合性便于区域隔离、减弱疫情传播，保证在疫情时期人们的生产生活有序进行。鉴于全国范围内在地域条件、资源禀赋、经济发展程度及人口数量等不同，边远地区、少数民族地区城市（镇）以及部分山地城市（镇）、人口较少的工矿业城市（镇）、风景旅游城市（镇）、既有城区等，可根据实际情况确定。

💬 **具体评价方式**

本条适用于各类城区的规划设计评价、实施运管评价。

设计评价：规划设计阶段需审核城区规划用地平衡表。

实施运管评价：在设计评价之外还应现场核查。

4.2 评分项

I 混合开发

4.2.1 城区内以1km²为单元，包含居住用地（R类）、公共管理与公共服务设施用地（A类）及商业服务业设施用地（B类）中的两类或三类混合用地单元的面积之和占城区总建设用地面积的比例，评价总分值为10分。比例达到50%，得5分；达到60%，得7分；达到70%，得10分。

📋 **条文说明扩展**

本条文为本标准第4.1.2条的延伸，并对混合用地的比例提出定量要求。混合开发旨在加强职住平衡，减少钟摆交通，本条对土地混合使用的规定是以500～1000m的最佳步行距离为基础，以1000m×1000m的方格作为衡量工具，每个方格内包含R类、A类、B类中的两类或三类用地即认定该方格满足混合用地的要求，将满足混合用地要求的方格数累加得出混合用地单元的面积之和再除以总建设用地面积即可得出混合开发面积比例。对于不足1km²的边角部分，如果也包含R类、A类、B类中的两类或三类用地即认定该方格内的边角部分满足混合用地的要求，也将该方格内的边角部分面积计入混合用地单元的面积之和。在具体计算过程中，不同的方格放置方式可能造成混合用地的比例不同，以最有利于得分的原则将方格对应平面图进行计算。从该条的设置中不难看出在"窄路密网"的规划思想指引下，我们不提倡每个"街坊"功能混合，容易形成功能区混杂，不利于设施设备配置，所以应秉承"大混合、小聚集"的规划原则，即大区域功能相对混合，小区域业态相对集中。但为防止在几十平方千米城区来说，即使各种土地功能具备，但居住、商务、金融等功能区域南辕北辙，生活也不便利，同时会造成交通拥堵，故条文中规定"以1km²为混合单元"，以绿色出行10min为最佳服务半径，充分体现"大混合、小聚集"的规划思想。

本条适用于各类城区的规划设计、实施运管评价。

设计评价：规划设计阶段需审核城区所在地的总体规划和控制性详细规划、建设项目的修建性详细规划、城区所在地的城市设计文件、网络单元格划分示意图及城区内混合用地比例计算报告书。

实施运管评价：设计评价之外还应现场核查。

📋 **案例**

以桂林某新区规划为例，城区建设用地面积共1 091.67hm²，项目建设用地包含居住用地、公共管理与公共服务设施用地、商业服务业设施用地三类。将用地分为17个单元格，其中具有（R、A、B类）混合用地单元格约16个，城区建设用地面积1 091.67hm²，混合用地的面积总和约为977hm²，所以城区混合用地比例为89.5%，得10分。

4.2.2 城区采用公共交通导向的用地布局模式，在轨道交通站点及公共交通站点周边500m范围内采取混合开发的站点数量占总交通站点数量的比例，评价总分值为10分。比例达到50%，得5分；比例达到70%，得7分；比例达到90%，得10分。

📑 **条文说明扩展**

本条旨在加大轨道交通站点和公共交通站点周边土地的开发强度，节约土地资源，倡导公共交通出行。采用公共交通导向的用地布局模式是以轨道交通站点及公共交通站点为中心，以400~800m半径范围的区域进行混合开发，同时满足居住、工作、购物、娱乐、出行、休憩等多功能需求，实现生产、生活、生态高度的和谐统一（图4-1）。通过交通调查显示，我国居民步行出行的平均速度为3~5km/h，500m大约步行5~10min，是居民步行的可承受距离，所以条文制定在轨道交通站点和公共交

图4-1 旧金山Transbay 中转站大楼

通站点500m范围内采取混合开发，以方便居民采用公共交通出行和高效利用设施。

轨道交通站点及公共交通站点周边的混合开发可以有效缓解"大城市"病。城区采

用公共交通导向的用地布局模式一方面改变了过去城市用地性质因扁平化、单一化布局的缺陷所引起的潮汐交通、"卧城"等城市病问题，减少了跨组团跨区域的交通出行，促进了城区的职住平衡，另一方面在轨道交通站点及公交站点进行混合开发可以引导绿色出行，缓解交通拥堵，既可减少空气污染、噪声污染等问题的出现还能促进公共交通的高效能发挥，通过构建地上地下立体交通网络甚至串联多种交通方式，使公共交通资源配置与公交系统的优化整合，使其更加集约化、可持续化发展。此外在轨道交通站点及公交站点周边的混合开发还可以拉动城区的消费增长，依托站点的人流聚集效应，可将轨道交通和公共交通的"客流"转化为商业人流，围绕站点打造商业空间，营造消费多种场景，拉动城区消费，方便居民生活，提升了城区生活品质。

2016年8月上海市发布的《上海市15分钟社区生活圈规划导则（试行）》中明确提出"TOD导向下的站点开发"，目标是以公共交通站点为核心，形成功能混合、活力便捷的出行环境。具体规划要求为：①轨道周边的站点混合——轨道站点核心区（300~500m服务范围内）以商业、公共服务、居住等功能为主，鼓励以多种形式灵活利用空间，提供公共绿地、小广场等，控制单一功能的大面积土地使用，激发站点周边空间的活力；②轨道站点周边的设施布局——轨道站点核心区（300~500m服务范围内）鼓励成为社区级公共服务设施优先布局的地区，使居民在借助轨道出行时，可结合换乘，完成购物、娱乐、接送小孩、用餐、继续教育等日常活动；③公交站点布局要求——鼓励结合医院、学校等各类公共设施、公园广场等就近设置公交站点，沿连通性较好的道路布局公交车站。

☺ 具体评价方式

本条适用于各类城区的规划设计评价、实施运管评价。

设计评价：本条评价应以站点周边500m范围内土地使用功能、种类、数量、容积率，以及地上地下一体化综合开发为评价要点进行评价。设计评价审核轨道交通站点、公交站点布局图和混合开发站点数量占总交通站点数量计算书及混合开发站点500m范围内的功能混合的情况说明。混合开发站点数量占总交通站点数量计算书的计算方法是以各站点为圆心以500m为半径划出圆圈标注，在轨道交通站点及公共交通站点周边500m范围内采取居住用地（R类）、公共管理与公共服务设施用地（A类）、商业服务业用地（B类）和绿化广场用地（G类）中的任意两种关联用途用地的混合开发和地上地下一体化综合开发模式的站点数量占总交通站点数量的比例。

实施运管评价：在设计评价之外还应现场核实。

4.2.3 城区合理开发利用地下空间，地下空间开发与地上建筑、停车场库、商业服务设施或人防工程等功能空间紧密结合、统一规划，评价分值为5分。

📋 **条文说明扩展**

开发利用地下空间是节约集约用地的重要体现，本条鼓励充分利用地下空间，地下空间开发应与地上建筑及城市其他功能空间紧密结合，统一规划，并要满足安全、高效、便利等要求。在地下空间开发利用方面要遵循如下原则：①地上、地下一体化开发，有序建设、互为补充；②综合开发，对地下各项设施进行系统整合、统筹兼顾；③适度开发，科学确定公共地下空间开发规模，尤其是地下商业等公共活动空间的规划需控制在合理的范围内；④突出重点，地下空间开发重点要与区域TOD及轨道交通充分结合，重点解决交通换乘问题及人流疏散，合理设置公共设施；⑤平战结合，处理好地下民防设施和非民防设施的兼容和转化。

随着各城市地下轨道交通日趋完善，地下空间综合利用将围绕交通功能及公共活动功能的开发而展开，主要的公共地下空间开发控制在地下一层和地下二层，对于以商业及文化娱乐为主的地下公共活动空间开发需充分考虑各项承载能力，避免给区域交通及市政设施带来更大压力；停车设施应根据区域发展目标及整体功能定位确定，市政设施及管线所占的地下空间根据项目技术要求确定并预留发展空间。地下空间主要功能一般包括以下方面：商业及文化娱乐为主的公共活动功能、地下联系通道（人行、车行）、配套服务设施、停车设施、市政设施及管线等。

💬 **具体评价方式**

本条适用于各类城区的规划设计评价、实施运管评价。

设计评价：审核城区地下空间开发利用专项规划并审核其地下空间设计的合理性。由于地下空间的利用受诸多因素制约，如地质情况、基础形式、市政基础设施等因素影响不具备地下空间利用条件的项目应提供相关说明，经论证，场地区位、地质等条件不适宜开发地下空间的，可不参评。

实施运管评价：在设计评价之外核查竣工图并现场核实。

📋 **案例**

上海某商务区核心区一期建设项目的地下空间开发以地下商业、汽车库及设备空间为主，公共空间下的地下空间开发以地下步道、地下街、下沉广场、地下广场、地下市政设施为主（图4-2）。

图4-2　上海某商务区核心区一期地下一、二层空间系统图

II 规划布局

4.2.4 合理规划除工业用地以外的城区市政路网密度，评价总分值为10分。路网密度达到8km/km²，得5分；达到10km/km²，得7分；达到12km/km²，得10分。

📋 条文说明扩展

2016年《中共中央 国务院关于进一步加强城市规划建设管理工作的若干意见》[①]（以下简称《意见》）中提出2020年全国道路网密度达到8km/km²，2018年住房和城乡建设部颁布的《城市综合交通体系规划标准》GB/T 51328—2018中也规定：中心城区内道路系统的密度不宜小于8km/km²。截至2019年第四季度全国36个主要城市道路网密度平均6.1km/km²，与《意见》提出的到2020年达到8km/km²仍有较大差距。根据2020年度《中国主要城市道路网密度监测报告》（来源：中国城市规划设计研究院城市交通研究分院）中发布的全国道路网密度状况，显现出南高北低、东高西低的趋势，一些重点发达城市如深圳、厦门、成都都达到8km/km²以上，上海、广州、杭州、福州、南宁等都在7km/km²以上，其中全国区（县）排名中如上海黄浦、深圳福田、杭州上城及天津和平等都达到了10km/km²以上，从中可以看出一般经济发达地区城市道路网密度相对较高，对地区经济发展具有良好的促进作用。另外，合理的道路宽度也是非常重要的，以东京和北京为例，北京的路网密度是5.7km/km²，东京路网密度为19.04km/km²，是北京的3.34倍；但东京市区道路面积比率是16.3%，北京市是15%，相差并不多，但北京交通拥堵情况比东京严重得多（图4-3）。日本13m以上宽度道路仅占道路总长度1.51%，所以说，在道路面积率相同、机动车保有量和使用率大致相同情况下，路网密度越高通达性越强，承载的交通运输量也越大，连接住宅、办公、商业、学校等城市元素更便捷，同时路网密度大对某一路段因施工或出现突发事件能起到快速疏导作用，城市道路拥堵情况会大幅降低。

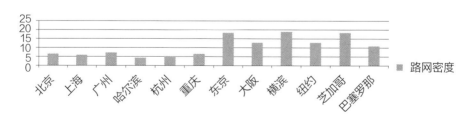

图4-3 国内大城市与国际城市路网密度（km/km²）

[①] 新华社. 中共中央 国务院关于进一步加强城市规划建设管理工作的若干意见 [EB/OL]. 中国政府网，（2016–02–06）[2016–02–21]. http://www.gov.cn/zhengce/2016–02/21/content_5044367.htm.

2018年4月发布的《河北雄安新区规划纲要》指出：起步区路网密度应达到10～15km/km²，并合理设计道路宽度，从中可以看出"窄马路，密路网"已成为城市转型升级的重要抓手。当然，城市交通是否拥堵还与城市轨道交通等公共交通设施情况及相关管理措施密切相关，此部分内容在"绿色交通"章节有具体要求，在此不再赘述。以平均路网宽度作为对《意见》中路网密度要求进行直观解释供参考，150m的街坊尺度所对应的路网密度为13.3km/km²，200m的街坊尺度所对应的路网密度为10km/km²，250m的街坊尺度所对应的路网密度为8km/km²，330m的街坊尺度所对应的路网密度为6km/km²，500m的街坊尺度所对应的路网密度为4km/km²。目前在已经评价过的城区案例中路网密度在4.6～10.42km/km²之间，达到8km/km²仅占50%。

在欧洲，很多城市的街坊尺度都在150～200m之间，分担交通压力同时促进了经济繁荣且方便市民出行；我国四川省都江堰的壹街区项目中1km²有25块街区，每个街坊也大约在150～200m之间，由此可见把城市街道、街坊尺度控制在人步行可达范围内对缓解交通拥堵起到积极的作用。根据《意见》中提出树立"窄马路、密路网"的城市道路布局理念，通过测算150～250m的街坊尺度所对应的路网密度约为8～13km/km²之间，所以规定路网密度至少要达到8km/km²，达到12km/km²及以上可得10分。

具体评价方式

本条文适用于各类城区的规划设计评价、实施运管评价。

设计评价：审核有关行政管理部门出具的规划文件和图纸进行具体测算，并给出路网密度计算分析报告。

$$路网密度=\frac{计算区域内所有的道路的总长度}{区域总面积}\times100\%$$

实施运管评价：在设计评价之外核查竣工图并现场核实。

4.2.5 居住区公共服务设施具有较好的便捷性，评价总分值为15分，并应按下列规则分别评分并累计：

1 幼儿园、托儿所服务半径300m范围内，所覆盖的用地面积占居住区总用地面积的比例达到50%，得3分；

2 小学服务半径500m范围内，所覆盖的用地面积占居住区总用地面积的比例达到50%，得3分；

3 中学服务半径1000m范围内，所覆盖的用地面积占居住区总用地面积的比例达到50%，得3分；

4　社区养老服务设施服务或社区卫生服务中心服务半径500m范围内，所覆盖的用地面积占居住区总用地面积的比例达到30%，得3分；

5　社区商业服务设施服务半径500m范围内，所覆盖的用地面积占居住区总用地面积的比例达到100%，得3分。

📄 条文说明扩展

公共服务设施合理配置是营造便捷生活服务的基本保障，住区的配套公共服务设施是满足居住基本物质和精神所需的设施，也是保证居民居住生活品质的不可缺少的重要组成部分。本条文侧重对居民生活联系较为紧密的五种公共服务设施的服务半径和满足比例提出要求。在住房和城乡建设部颁布的《城市城居住区规划设计标准》GB 50180—2018中，提出了5~15min生活圈概念，与本条要求理念是一致的。该标准中提出住区配套服务设施主要包括基层公共管理与公共服务设施、商业服务设施、市政公用设施、交通场站及社区服务设施、便民服务设施等，其中公共服务设施主要指城市行政办公、文化、教育科研、体育、医疗卫生和社会福利等设施，其中商业服务业设施一般包括商场、菜市场或生鲜超市、健身房、餐饮设施、银行营业网点、电信营业网点、邮政营业场所等。居民步行5~10min比较符合居民步行出行的要求，可大大减少机动车出行需求，有利于节约能源、保护环境。对于既有城区改造项目，居住区公共服务设施的增加与完善有利于实现"城市修补"的目标，改善人居条件，提高城区居民生活便捷性。

💬 具体评价方式

本条适用于各类城区的规划设计评价、实施运管评价。

设计评价：审核居住区公共服务设施系统规划图并审核居住区公共服务设施服务半径分析图及计算报告。计算公式如下：

$$幼儿园、托儿所 = \frac{300m覆盖范围的用地面积}{居住区总用地面积} \times 100\%$$

$$小学 = \frac{500m覆盖范围的用地面积}{居住区总用地面积} \times 100\%$$

$$中学 = \frac{1000m覆盖范围的用地面积}{居住区总用地面积} \times 100\%$$

$$社区养老服务设施服务、社区卫生服务中心 = \frac{500m覆盖范围的用地面积}{居住区总用地面积} \times 100\%$$

$$社区商业服务设施 = \frac{500m覆盖范围的用地面积}{居住区总用地面积} \times 100\%$$

实施运管评价：在设计评价之外核查竣工图、配套服务设施现场照片，并现场核实。

📋 **案例**

　　衢州市某项目位于龙游县老城区东侧，申报总用地面积为406hm²，建设区域多为住宅建设用地，并有教育用地、公共服务设施用地等（图4-4）。幼儿园、托儿所服务半径300m范围内所覆盖的用地面积占居住区总用地面积比例91.79%（图4-5）。小学服务半径500m范围内所覆盖的用地面积占居住区总用地面积比例55.28%（图4-6）。中学服务半径1000m范围所覆盖的用地面积占居住区总用地面积的比例99.38%（图4-7）。邻里中心包括社区养老服务设施服务或社区卫生服务中心，其500m服务半径覆盖的用地面积占居住区总用地面积比例80.99%（图4-8）。社区商业服务设施7处，所覆盖的用地面积占居住区总用地面积比例未达到100%（图4-9）。

图4-4　项目效果图

图4-5　幼儿园、托儿所服务半径300m覆盖范围

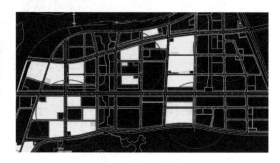

图4-6　小学服务半径500m覆盖范围

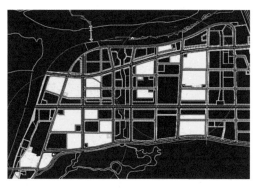

图4-7　中学服务半径1000m覆盖范围

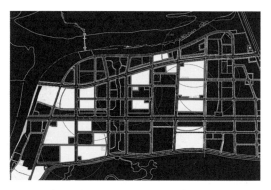

图4-8　养老服务设施服务半径500m覆盖范围

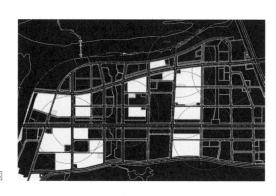

图4-9　社区商业服务设施服务半径500m覆盖范围

4.2.6 城区用地内设置开放空间，单个公共开放空间的面积不应小于300㎡，并具有均好性、连续性、可达性，公共开放空间500m服务范围覆盖城区的比例，评价总分值为10分。比例达到40%，得5分；达到50%，得7分；达到60%，得10分。

▤ 条文说明扩展

城市公众开放空间是以游憩为主要功能，有一定的游憩设施和服务设施的城市空间，同时兼具健全生态、美化景观、防灾减灾等综合作用。它是表示城市整体环境水平和居民生活质量的一项重要指标。本条文指标的确定参考了美国LEED ND标准中的"Access to Civic and Public Space"（市政和公共空间的可达性）的要求："Locate and/or design the project such that a civic or passive-use space, such as a square, park, paseo, or plaza, at least 1/6 acre in area lies within a 1/4-mile walk distance of 90% of planned and existing dwelling units and non-residential building entrances."（选址和/或设计项目时应在90%的规划和既有住宅以及距公共建筑入口1/4英里（约402.336m）的步行范围内设有城市开放空间，开放

空间的面积至少应为1/6英亩（约0.0674hm²），这些开放空间包括广场、公园、步道或小市场）。在《城市居住区规划设计规范》GB 50180—2018中对居住街坊绿地规划建设规定宽度不小于8m，开放空间服务范围以500m为半径划定，是因为适宜的步行距离为500m，开放空间的设置应为公众在适宜步行的距离范围内提供休憩交流的公共空间。开放空间服务半径覆盖率是对面积300m²以上的开放空间（绿地、广场、运动场、社区花园等），按照500m服务半径计算覆盖城区用地的百分比。对于既有城区改造项目，适当增加开放空间尤其是绿地、社区花园等有利于实现城区的"生态修复"，同时开放空间也为城区居民提供了运动、休憩、交流空间，有利于实现城区的"城市修补"。同时，本条强调公共开放空间的均好性、连续性、可达性，主要是引导城区内的开放空间布局为分散的、便捷的，使开放空间更多的覆盖城区，让民众能够就近享受公共开放空间。另外，考虑到传染病疫情防控等特殊需要，服务于民众的开放空间的适当分散也有利于公共卫生安全。

⊙ 具体评价方式

本条适用于各类城区的规划设计评价、实施运管评价。

设计评价：规划设计阶段需审核城区开放空间系统规划图、开放空间500m服务半径覆盖率分析图及计算报告，并标注每块开放空间面积。

实施运管评价：在设计评价方法之外还应现场核查。

📋 案例

比利时：菲尔福尔德格罗特广场

该广场位于比利时菲尔福尔德市的中心区，为市政厅、市政图书馆，以及各种餐饮设施包围，是菲尔福尔德地区历史与活动的中心。设计方案将原有的停车场移到地下，使地上的城市空间能够重新被利用，成为城市新的聚会场所。广场中心设有小型喷泉，北侧建有现代感的凉亭，既成为广场与商业街之间的过渡空间，也为不同类型的活动提供了遮荫场所。这一地处历史街区的新广场，以简洁的设计语言为人们提供了静谧舒适的活动空间，也为他们提供了一个思考城市中心新角色和身份的机会（图4-10、图4-11）。

图4-10　项目鸟瞰图

图4-11　项目效果图

4.2.7　城区用地内保有一定规模、布局合理的生态用地和城市绿地，评价总分值为10分。绿地率达到36%，得5分；达到38%，得7分；达到40%，得10分。

📑 条文说明扩展

　　园林植物的物质循环和能量流动所产生的生态效益能改善生态环境、维护生态平衡，城市绿地作为城市生态系统中唯一有生命的绿色基础设施具有吸收有害气体、滞尘降尘、杀灭细菌、衰减噪声、降低环境污染等功能。城市中生态用地和城市绿地的植物因多样的构图和随季节变化的景观还能使人产生美感，起到美化人居环境、提高人们生活质量的作用。城区更可结合大型绿地和公园完善防震避灾场所，满足城市应急避险的需要，因此城区中保有一定规模的生态用地和城市绿地是改善城市环境质量、提升人民幸福指数的重要举措。绿地率是衡量城区环境质量的重要标志。对于既有城区改造项目，增加一定规模的生态用地和城市绿地，有利于修复城区生态，同时为海绵城市建设提供支撑。

$$绿地率=\frac{计算区域内所有的生态用地和城市绿地面积总和}{区域总面积}\times100\%$$

　　生态用地包括城市非建设用地中的水域和农林用地，以及具有城乡生态环境保护、休闲游憩、安全防护隔离、园林苗木生产等功能的绿地，如河流、湖泊、水库、沟渠等和以物质生产为主的林地、耕地、牧草地、果园和竹园等；城市绿地指城市建设用地中各种绿地的总和，包括公园绿地、防护绿地、附属绿地，以及广场用地中的绿化用地，不包括屋顶绿化、垂直绿化、阳台绿化等立体绿化面积。

　　近年来城市公共绿地的发展越来越受到政府的重视和社会的关注，上海世纪公园、北京朝阳公园、广东的绿道、成都的"198绿地"等都获得了非常好的效果，成为城市居民生活的必需品，更是代表了文明程度的现代城市公共服务的"标配"。随着广大城乡居民生活水平和中国社会中产阶层占比的提高,作为美好生活、高品质生活直接载体的生态用地和城市绿地等公共开敞空间的需求越来越大,扩大其在城区用地中的比例,以满足各类人群、各种户外活动的需要,从而大大提升城区的宜居性和吸引力;若在人口密集的中心地区拿出昂贵的土地资源建设城市绿地等公共开敞空间更是可以提高地区环境品质、周边地产的价值和中心地区的整体经济收益。《上海市城市总体规划(2017—2035年)》中提出至2035年,全市森林覆盖率达到23%左右,人均公园绿地面积达到13m²以上的目标。

此外新冠疫情的爆发使国人对珍惜生命和注重健康有了更大需求,面对本次疫情,重新审视城市空间布局的"健康性"成为必然。提高城区绿地率,让人们更多地接触自然,在城区绿地中进行跑步锻炼、社会交往,提高生命机能和免疫力,引导健康积极的生活方式,从而让生态用地和城市绿地在城区整体空间布局中起到对健康的积极促进作用。

💬 **具体评价方式**

本条适用于各类城区的规划设计评价、实施运管评价。

设计评价:审核城区绿地系统规划图及绿地率计算报告。

实施运管评价:在设计评价之外核查竣工图并现场核实。

🗂 **案例**

中国:中新天津生态城南部片区

生态城南部片区的生态绿地主要包括永定洲湿地公园和蓟运河故道南侧生态缓冲带,将生态城绿地进行延伸,形成完整的区域绿地景观背景大框架和完善的城市生态景观,实现了生态城绿地系统与外围生态环境的高度融合统一。城市绿地建设以住宅建筑周围绿化为基础,以社区中心公园为核心,以慢行交通绿化为网络,使每个区的绿地自成体系,并与城市绿地系统相联系。该城区绿地率达到41.65%(图4-12)。

图4-12 中新天津生态城南部片区生态谷城市设计

4.2.8　城区内位于当地有利于节能的建筑朝向范围内的居住建筑面积占城区居住建筑总面积的比例，评价总分值为10分。比例达到80%，得6分；达到85%，得8分；达到90%，得10分。

📃 条文说明扩展

有利于节能的建筑朝向是指具有良好节能效果的朝向范围，依据当地建筑全年太阳辐射热量，综合考虑冬季尽可能获取更多太阳辐射热量和夏季尽可能避免获取过多太阳辐射热量的能量总体得失。建筑朝向符合当地有利于节能朝向是实现建筑节能的最为简单及有效的方法之一，由建筑朝向所引起的建筑能耗变化可达5%~10%，因此有必要对建筑朝向进行约束。城区规划过程中考虑地块划分对建筑朝向的影响，确保80%以上的居住建筑面积其建筑朝向位于当地有利于节能的建筑朝向范围内。建筑朝向选择的原则是冬季能够获得足够的日照并避开冬季主导风向，夏季能利用自然通风并减少太阳辐射热。建筑的朝向要考虑多方面的因素，会受到地形地貌、气候环境、城市规划等条件的制约，但仍需权衡各因素之间的相互关系，通过多方面分析、优化建筑的规划设计，尽可能提高建筑物在夏季、过渡季节的自然通风效果，保证较理想的夏季防热和冬季保温。其中，提高建筑在不同季节的自然通风效果，也有利于空气源传染病的防控，民众居家期间开窗通风有利于保持室内空气清新，避免或降低室内空气污浊造成的疾病传染。

💬 具体评价方式

本条文适用于各类城区的规划设计、运行评价。

设计评价：规划设计阶段需审核城区内各建设项目的修建性详细规划及有利于节能朝向居住面积占比计算分析。

实施运管评价：在设计评价之外还应现场核查。

🗐 案例

贵州某项目位于花溪思雅片区，紧临环城高速公路南环线。该项目的功能定位为以高校聚集为依托，配套完善与高校聚集密切相关的科技研发、信息商务、文化旅游、休闲娱乐、商贸金融、居住生活、服务配套为一体的创新型、综合性、生态式城市公共功能区。城市建设用地总面积为558.91hm²，总建筑面积为791.50万m²，居住用地总面积为254.28hm²，居住建筑总面积为611.9万m²，南北朝向或接近南北朝向的居住建筑面积为516.6万m²，位于当地有利于节能的建筑朝向范围内的居住建筑面积占比84.43%（图4-13）。

贵阳恒大文化旅游城修建性详细规划——建筑节能分析

住宅建筑面积朝向比例			
名称	数值	单位	比例
总住宅建筑面积	6 119 081.22	m²	100.00%
东西朝向	952 807.73	m²	15.57%
南北朝向	5 166 273.49	m²	84.43%

图4-13 贵州某项目住宅建筑朝向示意图

4.2.9 城区规划兼顾当地地理位置、气候、地形、环境等基础条件，考虑全年主导风向，规划建设中利用山体林地、河流、湿地、绿地、街道等形成连续的开敞空间和通风廊道，且宽度不小于50m，评价分值为10分。

🗒 **条文说明扩展**

城区通风廊道是以提升城区空气流动性、缓解热岛效应和改善人体舒适度为目的，为城区引入新鲜空气而构建的通道。通风廊道的作用提升城区空气流通能力，缓解城市热岛效应，改善城区内外空气循环和污染物扩散条件，改善城区空气质量，提升城区舒适度。通风廊道可以由主要道路、绿地、河流水系、湿地等空旷地带连接形成。根据刘红年等学者使用区域边界层化学模式（RBLM-Chem）模拟得出通风廊道内城市下垫面夏季降温幅度平均达到2.7℃。2006年《香港规划标准与准则》（*HongKong Planning Standard and Guideline*）[①]中的"第十一章：城市设计指引"首次在城市规划中明确城市通风廊道（风道）

---

① 香港规划标准与准则[EB/OL]. 香港特别行政区政府规划署，（2021-08）. https://www.pland.gov.hk/pland_sc/tech_doc/hkpsg/full/index.htm.

的定义及功能："通风廊道应以大型空旷地带连成，例如主要道路、相连的休憩用地、美化市容地带、非建筑用地、建筑线后移地带及低矮楼宇群。通风廊道应沿当地盛行风的方向伸展；在可行的情况下，应保持或引导其他天然气流，包括海洋、陆地和山谷的风，吹向发展建设区。"本条文旨在缓解城市雾霾，降低热岛效应。目前国内外的规划设计标准中对通风廊道的要求较少，可参考案例也不多，近年来随着大气环境问题不断增多，国内部分城市（如北京、武汉、上海等）已经进行了城市通风廊道的规划设计探索与尝试，但其实践效果还有待进一步的量化与分析。但普遍做法归纳起来主要是充分利用当地全年盛行风向，将风道的规划设计尽量贯穿整个城区，以覆盖城区中大部分区域，而风道一端延伸到郊外，以便形成市区与郊外空气交换通道。同时鼓励城区风道规划尽量与城区内绿色廊道、河流、湖泊等生态本体条件相结合，以便更有效地提升风道作用，提高空气质量，改善大气环境。所以本条作为引导性条款，参考目前现有的国内外研究，将通风廊道的宽度定为不小于50m，这样既考虑风道的实际效果，又考虑土地的有效利用。在具体的评价过程中，风道边界宽度以风道两侧高度大于10m的建筑物为边界，高度低于或等于10m的低层建筑物可以视为通风廊道下垫面，不计入风道边界。本条对通风廊道的长度不作量化规定，但在通风廊道规划设计时，应尽量贯穿整个城区。对于夏长而炎热潮湿的南方城市，通风廊道应与夏季主导风向一致或在30°夹角范围内；对于冬长而严寒的北方城市，通风廊道应与冬季盛行风向形成45°或以上的夹角。对于夏热冬冷的城市，通风廊道应兼顾冬季防风、夏季引风的不同需求。所以不同地域的城区通风廊道的设计应因地制宜，具体情况具体分析。在城区层面通风廊道处于建设用地和非建设用地时，可以分别提出相应的管控策略。新城区以形成通风效果良好的城区环境为目标，从通风廊道宽度、建筑密度、开放空间等方面提出控制要求及规划策略。老旧城区改造项目可以改善现有的城区通风环境为目标，重点改善通风环境较差的区域。

⊙ **具体评价方式**

本条文适用于各类城区的规划设计、运行评价。

设计评价：规划设计阶段需审核城区开敞空间及通风廊道规划图（标明宽度）及相关设计文件。

实施运管评价：在设计评价之外还应现场核查。

4.2.10　城区的风貌特色、空间形态、公共空间、建筑体量和环境品质等符合城市设计要求，评价总分值为10分，并按下列规则分别评分并累计：

1　建立城市设计管理机制，得5分；

2　编制完成城区范围内重点街区和地段的城市设计，得5分。

🗒 条文说明扩展

1. 城市设计是落实城市规划、塑造城市特色风貌和指导建筑设计的有效手段

通过城市设计，从整体平面和立体空间上统筹城市建筑布局，协调城市景观风貌，体现城市地域特征、民族特色和时代风貌。建筑设计方案必须在形体、色彩、体量、高度等方面符合城市设计要求。绿色生态城区要建立相应的城市设计管理机制，制定相应的城市设计管理法规，加强城市设计编制工作，明确控制引导方法。

2. 城市设计是城市规划技术层面的重要组成部分

城市设计是针对城市形体和空间环境所作的整体构思和控制引导，贯穿于城市规划的全过程。城市设计可分为城市总体规划阶段的总体城市设计、控制性详细规划阶段的地段（区段）城市设计和修建性详细规划阶段的地块（地块）城市设计。是通过与法定规划技术管理规定或与建设项目审批内容相结合，将设计目标和控制引导要求落实到建筑设计或具体建设控制之中，可与城市总体规划、控制性详细规划同步编制，同步审批，也可组织编制单项城市设计，经批准后将其成果运用到城市总体规划和控制性详细规划之中。而针对地块的城市设计成果经批准后，其针对用地边界空间、场地环境空间和建筑群体空间形态等编制成果可落实到建设项目规划条件之中。同时，应避免随意修改已经批准的城市设计成果，避免城市设计"行政化和形式化"实施。绿色生态城区的城市设计成果应重点针对城区范围内重点地段和地块的空间形态、公共空间、建筑风貌、街区尺度、用地边界、街墙界面、材质色彩、景观环境、街道家具、照明系统、标识系统和无障碍设施等相关内容。

3. 城市设计的核心内容是城市公共空间的功能与品质提升

在我国随着城市建设活动的不断兴起，居民对于城市生活品质的要求逐渐提高，城市公共空间的治理对于城市居民的基本生活需求起到了保障作用。然而随着城市发展速度的不断加快，公共空间问题也逐渐凸显，特别是在人口密度较大、发展增速渐缓的中心城区或城市旧区。快速城镇化阶段产生了大量待更新的碎片化城市公共空间，尤其是依附于城市建筑、道路周边，尺度小、数量多、与人互动频繁的微型广场、街旁绿地、小游园、产业园区内的微型活动场所等，这些使用频率较高的城市公共空间形态简单、功能接近、可塑性强，开展城市公共空间的改造可以有效提升区域整体环境与活力。

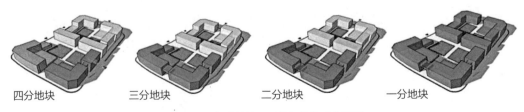

| 四分地块 | 三分地块 | 二分地块 | 一分地块 |

图4-14　标准地块不同的细分模式分析图

4. 城市设计构建易于识别的城市意向和空间美学

城市设计针对街坊地块的尺度、建筑密度、规模、体量、高度、界面、风格、细部等提出控制要求。创造临界的积极空间和人性化公共空间，使建筑获得正确的布局。还要考虑机动车、自行车、步行等各种形式的交通连接，使空间易于到达，构建街道格网，使街巷具有明确的定位。通过城市设计使建筑功能达到多样性和混合使用，促进街区活力（图4-14）。

城市设计应挖掘当代或多元文化风格背景，形成和谐的视觉感受，提出符合美学和文化特质的具体要求。并结合人的心理感知经验建立起具有整体结构特征、易于识别的城市意象和氛围，避免"千城一面"。

5. 城市设计是构建全龄友好城市公共空间的重要抓手

城市设计对利用不足的广场、绿地和设施等微空间进行微修补设计改造，转化为活力公共空间。这种特别是针对老年人、残疾人、儿童、行动不便者的人性化有机修补，不再是"贴皮"的城市风貌塑造，而是塑造公共空间的场所活力和环境品质。

全龄友好的城市公共空间设计改造包括了：过街人行安全横道无障碍设施、减速标识、人行道缘石坡道、人行护栏、街牌地图和广告牌、夜间照明、电子导盲、休息座椅、地面铺装等设施。还包括需要进行人性化设计的城市公用设施：集成路灯、机动车和非机动车充电桩、停车缴费设施、活动厕所及工具房、报刊亭和文化宣传栏、集成邮筒、治安岗亭、室外健身器械、垃圾箱、烟蒂收集器、挡车装置、管井盖、消火栓、机动车停车位、自行车与共享单车停放位（架）、树木和种植池等设施（图4-15）。

图4-15　北京雍和宫大街街道全龄友好无障碍环境建设实景图

😄 **具体评价方式**

本条文适用于绿色生态城区的规划设计、运行评价。

对于"建立城市设计管理机制"的评价条款，在规划设计阶段应审查其城市规划管理过程中是否有编制不同阶段城市设计的明确规定和技术导则，以及是否有相应的实施管理办法。例如：很多城市针对城市总体或片区建设和提升改造都制定了相关的专项设计导则，规定了重点特征区域分类导控、刚性管控、弹性引导、长效服务的相应具体规定，以及对相关专项设计和设计方案等具体要求。例如北京市编制了《北京市城市设计导则》，以及片区和专项设计导则，如《北京中轴线沿线街道风貌管控城市设计导则》《北京街道更新治理城市设计导则》《北京无障碍城市设计导则》等。

对于"编制完成城区范围内重点街区和地段的城市设计"的评价条款，在规划设计阶段需审核城市设计成果和相应的审批获准文件。包括：根据各地方的具体情况编制总体城市设计，以及如自然山水专项设计、各类空间专项设计、品质风貌专项设计等各类专项设计。在审查过程中，首先应审查该城区范围内重点街区和地段的城市设计是否符合上位总体城市设计的相关要求。其次应审查该城区内重点街区和地段的城市设计审批获准文件，主要审查经批准后的成果如何运用到城市总体规划和控制性详细规划之中，是否对建筑设计或具体建设的控制引导起到了作用。重点街区和地段的城市设计成果内容应包括：现状分析与目标设定、功能结构与空间引导、景观风貌控制、城市与建筑界面、开放空间与公共活动空间、建筑控制与引导、环境品质与设施、行动策略与建议等。

运行评价需在规划设计阶段评价方法之外还应现场核实，主要验证其是否按城市设计进行了实施。

生态环境

5

生态环境指影响人类生存与发展的水资源、土地资源、生物资源以及气候资源等的数量与质量，这关系到社会和经济可持续发展，良好的生态环境是普惠的民生福祉。城市生态环境是人工—自然复合的生态系统，受到经济社会发展的强烈冲击与影响，城市生态环境更为复杂。为城市居民营造良好的城市生态环境，是保障居民宜居舒适，以及区域生态健康发展的重要举措，也是支撑绿色生态城区建设发展的基础。

本章分为自然生态和环境质量两部分，包括生物多样性、大气、水、噪声、土壤等生态、环境质量控制指标，通过指标、措施和实际成效的考核，评估自然生态系统与人工环境系统发展的协调性。

5.1　控制项

5.1.1　应制定城区地形地貌、生物多样性等自然生境和生态空间管理措施和指标。

📑 条文说明扩展

本条文用于约束城区规划、建设、运营过程中对地形地貌、生物多样性等自然生境和生态空间的保护与管控；考核城区是否在本底调查的基础上明确目标，制定指标和相应的管理措施。

良好的城区生态环境依赖于对区域资源环境底线的尊重，依赖于城区规划建设的合理以及城区运营的有效管控。对区域自然环境资源的本底调查、保护与利用，是构建绿色生态城区的生态环境基础。《中共中央关于全面深化改革若干重大问题的决定》提出，"要建立空间规划体系，划定生产、生活、生态开发管制界限，落实用途管制"。通过对城市地形地貌、土壤地质、生态本底、历史文化等现状调研与定性、定量分析，识别城市生态安全山水空间，划定具有生态服务功能的山体、水系、绿色斑块、廊道等城市重要的生态用地，保护绿色自然和文化生态基底；同时，结合城市空间和城市大型基础设施布局，整合零散分布在城区内外的绿地、水体，增加连通度，构建"斑—廊"为核心的城市蓝绿空间网络结构；将生态区域延伸到城市生产、生活空间，有效发挥城市绿地通风降温、碳汇释氧的生态功能，缓解城市热岛效应和改善城市空气质量；最大限度地保护城市区域自然生境，维护城市生物多样性，提升城市人居环境质量。生物多样性是指生物及其与环境形成的生态复合体，以及与此相关的各种生态过程的总和，反映了区域的生态环境质量。强调生态多样性，就要关注生态系统的稳定，这是绿色生态城区可持续发展的基础。城市土地有效使用和自然生态系统有效管理，推动区域的健康发展。由于区域环境的差异性，因地制宜是绿色生态城区发展的原则，生态环境资源本底成为影响城区发展技术思路的基础。

目前这部分工作是城市工作的短板，只有真正重视和做好这项工作，才能推进城区的绿色发展，践行生态文明建设。

⊙ 具体评价方式

规划设计评价：对照国家和地方主管部门批准的城市总体规划，审查城区为落实城市三生空间和生态空间管控指标制定的措施和工作计划。较早前批复的城市总体规划在生态空间管控指标方面有欠缺的，应补充评估区域的生态环境，包括地形地貌、地质土壤、水量水质，以及生物多样性等内容的评估报告。

实施运管评价：对照国家和地方主管部门批准的城市总体规划，现场核查城区建设中生态空间保护和管控措施的落实情况。

5.1.2 应制定城区大气、水、噪声、土壤等环境质量控制措施和指标。

▤ 条文说明扩展

本条文用于约束规划、建设、运营中城区大气、水、噪声、土壤等环境质量的底线。规划中要明确城区规划、建设、运营的环境质量目标，制定管控措施。

环境质量是环境系统客观存在的一种本质属性，分为自然环境质量和社会环境质量，是考核其与居民生存、生活和经济社会发展的适宜程度。本条所控制的城区环境质量，是指自然环境质量，包括城区大气环境质量、水环境质量、土壤环境质量等。

在城市发展过程中，人类直接或间接地向环境排放超过其自净能力的物质或能量，使得环境质量降低，对人类生存与发展、生态系统和财产造成不利影响，这称为城市环境污染问题。对环境质量的控制，就是要减少环境问题的产生，避免城市环境污染问题。水污染、空气污染，以及水污染引起土壤污染问题，都直接威胁到人身健康。我国颁布了《中华人民共和国环境保护法》《中华人民共和国水污染防治法》等一系列法律，把环境保护列为一项基本国策。

绿色城区考核大气、水、噪声、土壤等质量，不仅是考核城区建设发展的目标，也是考核城区建设、运营后的实际情况。城市大气、水、噪声、土壤污染问题的产生原因众多，但功能布局不合理，开发强度过大等规划、建设等问题，也是重要因素。因此，规划前期建立环境质量发展目标，建立良好的城区大气、水、噪声、土壤等环境质量控制指标和措施，是保障后期目标实现的重要基础。

💬 具体评价方式

规划设计评价：对照国家和当地有关主管部门确定的城市大气、水、噪声、土壤等标准，查阅相关标准落实的实施方案。

实施运管评价：对照国家和当地有关主管部门确定的城市大气、水、噪声、土壤等标准，查阅相监控数据材料，核查指标落实情况。

5.1.3 应实行雨污分流排水体制，城区生活污水收集处理率达到100%。

📄 条文说明扩展

地表水环境遭受污染的途径包括点源污染和面源污染两大类。点源污染又可细分为工业污水排放和生活污水排放，不论哪一种排放，均需有排水管道的收集过程。目前，我国大多数城市尚未能做到完全的雨污分流，导致未经处置的污水有可能直接排入受纳水体。可以说，截污是我国目前城市水环境整治需采取的首要措施之一。

城市污水和雨水的排水体制有合流制和分流制。分流制是指用不同管渠系统分别收集、输送污水和雨水的排水方式。除降雨量每年在300mm以下的地区外，新建地区应采用分流制。已采用合流制的旧城区，现有合流制排水系统应按照规划要求加大排水管网的改建力度，实施雨污分流改造。

本条针对新建城区要求规划设计阶段须做到雨污分流；新建城区中保留的旧城区应逐步进行雨污分流改造；也可结合海绵城市建设，采取其他低影响开发措施减轻雨污合流造成的地表水体污染。建成区域达到80%时，要求雨污分流全面覆盖，不得存在雨污合流区域。

"城区生活污水收集处理率达到100%"，是基于从污水收集到污水处理全方位控制，指城区内生活污水管网覆盖率达到100%，且污水处理厂处理能力满足收集城区内全部生活污水量的要求；具体为收集并输送至城市污水处理厂处理的生活污水量与生活污水排水量之比。

💬 具体评价方式

本条文适用于规划设计、实施运管评价。

本条文是对城区基础设施建设水平的评价。规划设计阶段城区生活污水收集与处理以大型集中式为主，在污水集中收集确有困难或经技术经济比较，投资性价比过低的前提下，也可以部分采取小型分散式。新建的绿色生态城区与所依托的城市可以统筹考虑，在城市总体规划引领下，提倡基础设施共享。因此，可能存在如下两种情况。

1. 本区域排放的污水在区域内就地处理。这种情况要求城区排水规划应包括全部污水的收集和处理，并提供生活污水集中处理率达到100%的证明文件。

2．本区域排放的污水在区域内收集后送入区域外的污水处理厂处理，这种情况要求城区排水规划应收集全部生活污水，并提供区域外生活污水处理厂处理方案，提供集中处理率达到100%的证明文件。

规划设计阶段提供相关城区污水收集管网和生活污水处理厂设计方案的相关文件，实施运管阶段提供城区污水排水管网、生活污水处理厂现状图和污水处理厂出水水质达标等证明材料，并现场考察市政污水管网和污水处理厂。

5.1.4　垃圾无害化处理率应达到100%。

📖 条文说明扩展

实施生活垃圾无害化处理，对保障城市良好的生态环境具有重要作用。生活垃圾无害化处理主要针对其他垃圾，即回收利用后的剩余垃圾，目前生活垃圾无害化处理方式主要包括焚烧处理和卫生填埋。

2020年9月22日，习近平总书记在第七十五届联合国大会一般性辩论上郑重宣布："中国将提高国家自主贡献力度，采取更加有力的政策和措施，二氧化碳排放力争2030年前达到峰值，努力争取2060年前实现碳中和。"在生活垃圾处理领域，填埋场甲烷排放是温室气体排放主要来源，填埋气体甲烷排放温室效应是二氧化碳的25倍；温室气体减排的主要措施就是要用焚烧代替填埋，生活垃圾焚烧是实现垃圾处理卫生无害化最快速、最有效的手段。2021年2月22日，国务院印发《关于加快建立健全绿色低碳循环发展经济体系的指导意见》（国发〔2021〕4号）中，为推进城镇环境基础设施建设升级，提出："加快城镇生活垃圾处理设施建设，推进生活垃圾焚烧发电，减少生活垃圾填埋处理。"[①]

💬 具体评价方式

本条文适用于规划设计、建设运营的评价。

规划设计评价：包括：①本区域生活垃圾在区域内就地处理时，城区应包括生活垃圾收集和处理方案；②本区域生活垃圾在区域内收集后送入区域外无害化处理时，城区提供生活垃圾收集方案，密闭运输方案，以及区域外生活垃圾无害化处理方案。

目前，生活垃圾产生总量用生活垃圾清运量代替。生活垃圾无害化处理方法主要有卫生填埋、焚烧等处理方式。生活垃圾填埋处理，要按照现行行业标准《生活垃圾填埋场无害化评价标准》CJJ/T 107—2019中Ⅰ、Ⅱ级垃圾填埋场的垃圾填埋量计入无害化处理量，焚烧厂要达到国家有关技术标准要求。

[①] 国务院. 国务院关于加快建立健全绿色低碳循环发展经济体系的指导意见（国发〔2021〕4号）[EB/OL]. 中国政府网，（2021-02-02）[2021-02-22]. http://www.gov.cn/zhengce/content/2021/02/22/content_5588274.htm.

城市生活垃圾无害化处理率按下式计算：

$$城市生活垃圾无害化处理率（\%）=\frac{采用无害化处理的城市生活垃圾数量（万吨）}{城市生活垃圾产生总量（万吨）}\times100\%$$

实施运管评价：包括提供区域内或区域外生活垃圾无害化处理率达到100%的证明文件，并现场核查。

5.1.5　无黑臭水体。

📄 条文说明扩展

本条文适用于实施运管评价。

国务院颁布的《水污染防治行动计划》提出"到2020年……地级及以上城市建成区黑臭水体均控制在10%以内……到2030年……城市建成区黑臭水体总体得到消除"的控制性目标。住房和城乡建设部2015年7月颁布的《城市黑臭水体整治工作指南》中，明确黑臭水体的定义为"城市黑臭水体是指城市建成区内，呈现令人不悦的颜色和（或）散发令人不适气味的水体的统称"。黑臭水体监测有4个主要指标，并依据指标值将黑臭水体分为2个等级，见表5-1。住房和城乡建设部黑臭水体监管平台2020年9月数据表明，我国共认定黑臭水体总数为2869个，已经全部启动治理，并提出了治理方案。其中的2313个已经完成了治理任务，还剩556个处于整治中。

表5-1　城市黑臭水体污染程度分级标准

特征指标（单位）	轻度黑臭	重度黑臭
透明度（cm）	25~10*	<10*
溶解氧（mg/L）	0.2~2.0	<0.2
氧化还原电位（mV）	−200~50	<−200
氨氮（mg/L）	8~15	<15

注：*水深不足0.25m时，该指标按水深的40%取值。

在此背景下，城区应采取有效措施对列入地方黑臭水体整治清单的水体进行整治，城区内无黑臭水体是绿色城区建设的基本要求。

💬 具体评价方式

本条的评价方法为：提交城区水体名录及相应的监管断面水质监测报告，按照上述定义，城区应无黑臭水体，并现场检查核实。参评的城区范围内无地表水体的项目本条可判为不参评，设计阶段可判为不参评。

5.2 评分项

I 自然生态

5.2.1 实施生物多样性保护，评价总分值为10分，应按下列规则分别评分并累计：

1 综合物种指数达到0.50，得1分；达到0.60，得3分；达到0.70，得5分；

2 本地木本植物指数达到0.60，得1分；达到0.70，得3分；达到0.90，得5分。

☰ 条文说明扩展

加强城市生物多样性保护，对于维护生态安全和生态平衡、改善人居环境等具有重要意义。1992年6月联合国通过《生物多样性公约》，我国政府于1993年正式批准加入该公约。随后，国务院批准了《中国生物多样性保护行动计划》《中国生物多样性保护国家报告》。李克强总理批示指出，"生物多样性是人类生存和发展、人与自然和谐共生的重要基础"。[1]建设部《关于加强城市生物多样性保护工作的通知》（建城〔2002〕249号）中要求，"开展生物资源调查，制定和实施生物多样性保护计划"。[2]2010年环境保护部发布的《中国生物多样性保护战略与行动计划》（2011—2030年）（环发〔2010〕106号），提出了"行动17 科学合理地开展物种迁地保护体系建设"[3]（主要针对动物园、植物园的建设管理工作）。

生物多样性保护，包括对生态系统、生物物种和遗传的多样性保护。即：生态系统多样性指植物、动物和微生物群落及它们所组成的生态系统的多样化程度，包括生态系统的类型、结构、组成、功能和生态过程的多样性等；物种多样性指地球上动物、植物、微生物等生物种类的多样性，物种多样性是衡量一定地区生物资源丰富程度的一个客观指标；遗传多样性指的是一个物种的基因组成中遗传特征的多样性，包括种内不同种群之间或同一种群内不同个体的遗传变异性。

保护生物多样性，就要保护城市多样的自然生境。通过充分依托城市自然条件，在保护山水林田湖基础上，利用城市绿地、湿地、河湖等构建城市生物栖息地，并形成网

---

① 李克强对2020年"国际生物多样性日"宣传活动作出重要批示[EB/OL]. 中国政府网，（2020-05-20）. http://www.gov.cn/xinwen/2020-05/20/content_5513266.htm.

② 中华人民共和国建设部. 关于加强城市生物多样性保护工作的通知（建城〔2002〕249号）[EB/OL]. 中华人民共和国住房和城乡建设部，（2002-11-06）[2002-12-13]. http://www.mohurd.gov.cn/gongkai/fdzdgknr/tzgg/200212/20021213_157066.html.

③ 中华人民共和国环境保护部. 关于印发《中国生物多样性保护战略与行动计划》（2011—2030年）的通知（环发〔2010〕106号）[EB/OL]. 中华人民共和国生态环境部，（2010-09-17）. http://mee.gov.cn/gkml/hbb/bwj/201009/t20100921_194841.htm.

络，拓展生物栖息空间。城区生物多样性保护的考核，注重城区建设对《生物多样性保护规划》的落实，一是绿地系统规划建设的系统性，二是基于城市和本区域城市生物资源本底调查，以综合物种指数和本地木本指数进行保护情况评估。

综合物种指数计算，参考国内外相关标准，植物和鸟类种类数量一般统计5年内的变化值。

综合物种指数为单项物种指数的平均值。计算方法如下：

$$H=\frac{1}{n}\sum_{i=1}^{n}p_i \qquad p_i=\frac{N_{bi}}{N_i}$$

式中　H——综合物种指数；

　　　p_i——单项物种指数；

　　　N_{bi}——城市建成区内该类物种数；

　　　N_i——市域范围内该类物种总数。

本指标选择代表性的动植物（鸟类、鱼类和植物）作为衡量城市物种多样性的标准。$n=3$，$i=1$，2，3，分别代表鸟类、鱼类和植物。鸟类、鱼类均以自然环境中生存的种类计算，人工饲养者不计。

本地木本植物是经过长期的自然选择及物种演替后，对某一特定地区有高度生态适应性，具有抗逆性强、资源广、苗源多、易栽植的特点，不仅能够满足当地城市园林绿化建设的要求，而且还代表了一定的植被文化和地域风情。

本地木本植物包括：①在本地自然生长的野生木本植物种及其衍生品种；②归化种（非本地原生，但已逸生）及其衍生品种；③驯化种（非本地原生，但在本地正常生长，并且完成其生活史的植物种类）及其衍生品种，不包括标本园、种质资源圃、科研引种试验的木本植物种类。纳入本地木本植物种类统计的每种本地植物应符合在建成区每种种植数量不应小于50株的群体要求。

本地木本植物指数按下式计算：

$$本地木本植物指数=\frac{本地木本植物物种数（种）}{本地植物物种总数（种）}$$

目前这部分工作是城市工作的短板。城区的生物多样性依赖于城市的生物多样性，因此，这项工作的开展，要基于城市生物资源的本底调查，从落实城市《生物多样性保护规划》到制定城区的生物多样性保护措施，才能切实实现城区的生物多样性保护目标。

😊 **具体评价方式**

规划设计阶段：审核规划等资料。资料包括：

1.《城市生物资源本底调查报告》或《城市生物资源的本底调查统计表》,《生物多样性保护规划》，以及相关政策文件；

2.《城区绿地系统规划》或《城市绿地系统规划》；

3. 拟建公园绿地木本植物名录。

实施运管阶段：审核竣工资料，现场抽查核实。资料包括：城区内各公园绿地木本植物名录、种植数量、长势情况说明。纳入统计的木本植物种植数量不小于50株。

5.2.2　城区实施立体绿化，各类园林绿地养护管理良好，城区绿化覆盖率较高，评价总分值为10分，应按下列规则分别评分并累计：

1　绿化覆盖率达到37%，得3分；达到42%，得4分；达到45%，得5分；

2　园林绿地优良率85%，得3分；优良率90%，得4分；优良率95%，得5分。

📖 条文说明扩展

园林绿化作为城市有生命的绿色基础设施，植物的生长势对生态效能发挥具有举足轻重作用。把园林绿地养护管控纳入生态环境的评价，就是要加强对栽植植物的选择、配置和管养，使园林绿地中缺株、少株和死株的问题降到最低，保持园林绿地具有较高的优良率；这是评价园林绿地养护管控水平最直接内容。

绿地率、绿化覆盖率和人均公园绿地面积是评价城市园林质量的三大指标，其中，绿地率和人均公园绿地面积是用地的评价指标，在本标准的土地利用章节予以评估；绿化覆盖率是绿地质量指标，是本章节评估指标。绿化覆盖率可反映城区范围内综合生态绿量，包括园林绿地和立体绿化的情况。《国务院关于加强城市绿化建设的通知》（国发〔2001〕20号），以及相关城市园林绿化、生态环境的评价中，建成区绿化覆盖率均作为重要评价指标。城区范围内建成区绿化覆盖率，是指城区范围内植物的垂直投影面积占该用地面积的百分比。

建成区绿化覆盖率计算公式：

$$建成区绿化覆盖率（\%）=\frac{建成区所有植被的垂直投影面积（km^2）}{建成区面积（km^2）}\times100\%$$

所有植被的垂直投影面积应包括乔木、灌木、草坪等所有植被的垂直投影面积，还应包括屋顶绿化植物的垂直投影面积，以及零星树木的垂直投影面积，乔木树冠下的灌木和草本植物不能重复计算。

立体绿化主要包括地下空间顶面、建筑屋顶、构筑物顶面、建（构）筑墙面、阳台等绿化，以及立体花坛。随着城市快速发展，城市用地紧张的矛盾日趋突出，推动立体绿化的实施，有助于在有限的空间提高绿化覆盖率。由于立体绿化植物栽植层下存在有不透水层，对植物的扎根及土壤通气存在不利影响，从而影响到立体绿化生态功效远远低于绿地。因此，在绿色生态城区建设中，一方面积极鼓励发展立体绿化，提升城市绿化覆盖率。同时，要重视植物种类的选择，要重视立体绿化覆土的深度，为植物最大程度的营造基本的生存空间，以发挥植物的生态功效。此外，对高层建筑的墙面绿化也要注意维修、安全等问题。

立体绿化的效益：

1. 有利于建筑节能。南方地区曾做对比试验，两幢有/无立体绿化的建筑，其室内温差达4℃，立体绿化节能效果显著。

2. 有利于改善空气质量。可以降噪、滞尘。

3. 有利于源头减排。立体绿化具有滞留雨水的作用，研究表明，0.2m覆土厚度在滞留10mm以下降雨量时效果明显，降雨量超过10mm时，易出现渗滤液；0.5m覆土厚度处理在超过30mm降雨量时才易出现渗滤液，可以达到90%以上的滞留蓄积率。

4. 有利于碳汇。可发挥固碳的作用。

5. 有利于美化环境。

国内外对绿化的理念发展甚快，目前已推出第四代的新理念。

第一代种植：以食用为目的，以农村为代表；

第二代种植：以观赏为目的，以园林景观为代表；

第三代种植：以空间化为目的，主体绿化（屋顶、墙面、阳台）为代表；

第四代种植：以健康（人的健康、地球健康）为目的，健康种植，智慧管养为代表。这里面包含了健康食物的选取、健康功能设计（园艺疗法）、新型基质的应用、新型种植方式（装配式）、智慧运维系统的应用等。

⊙ 具体评价方式

规划设计阶段：审核城区是否建立立体绿化实施目标和相关的技术政策保障，审核《城区绿地系统规划》或《城市绿地系统规划》，审核城区主要园林绿地的规划设计等资料，核查有助于园林绿地养护管理的技术应用情况。

实施运管阶段：审核相关资料，现场核查。具体包括：

1. 基础资料核查，包括城区各类绿地统计，以及上报到地方和国家的城市建设统计年鉴；指定机构完成的遥感指标核查数据。

2. 抽查，园林绿地养护管理情况。

5.2.3 推进节约型绿地建设，评价总分值为10分，应按下列规则分别评分并累计：

1　制定相关的鼓励政策、技术措施和实施办法，得2分；

2　节约型绿地建设率达到60%，得5分；达到70%，得6分；达到80%，得8分。

📋 条文说明扩展

建设节约型城市园林绿地是落实科学发展观的必然要求，是构筑资源节约型、环境友好型社会的重要载体，是城市可持续性发展的生态基础，是我国城市园林绿化事业必须长期坚持的发展方向。建设部《关于建设节约型城市园林绿化的意见》（建城〔2007〕215号）中提出，"合理利用土地资源""积极提倡应用乡土植物""大力推广节水型绿化技术"以及"在城市开发建设中，要保护原有树木，特别要严格保护大树、古树……在建设中要尽可能保持原有的地形地貌特征，减少客土使用，反对盲目改变地形地貌、造成土壤浪费的建设行为……"[①]

《城市园林绿化评价标准》GB/T 50563—2010中表A.0.3建设管控评价的评价要求、范围、程序和时效规定，公园绿地、道路绿地中采用以下技术之一，并达到相关标准的均可称为应用节约型园林技术：

①采用微喷、滴灌、渗灌和其他节水技术的灌溉面积大于等于总灌溉面积的80%；

②采用透水材料和透水结构铺装面积超过铺装总面积的50%；

③设置有雨洪利用措施；

④采用再生水或自然水等非传统水源进行灌溉和造景，其年用水量大于等于总灌溉和造景年用水量的80%；

⑤对植物因自然生长或养护要求而产生的枝、叶等废弃物单独或区域性集中处理，生产肥料或作为生物质进行材料利用或能源利用；

⑥利用风能、太阳能、水能、浅层地热能、生物质能等非化石能源，其能源消耗量大于等于能源消耗总量的25%；

⑦保护并合理利用了被相关专业部门认定为具有较高景观、生态、历史、文化价值的建构筑物、地形、水体、植被以及其他自然、历史文化遗址等基址资源。

节约型园林建设涵盖的技术广泛，因不同地区的不同自然条件与社会发展特点，表现的形式亦不相同，无法以某一项技术作为全国推广的节约型技术要求，也无法以某一项的量化标准评价节约型的水平。《绿色生态城区评价标准》（GB/T 51255—2017）采用选择项进行认定，包括：①项、②项、③项、④项等的节水技术，⑤项、⑥项等的节能技术，⑦项等的土地利用和资源利用技术；各城区可根据自身的立地条件，制定城区的节约型绿地建设目标和举措。考核关注思路理念的贯彻落实，关注结合城区自身条件以目标为导向的技术创新应用，不仅仅是上述罗列的技术。

节约型绿地建设率计算公式：

---

① 中华人民共和国建设部. 关于建设节约型城市园林绿化的意见（建城〔2007〕215号）[EB/OL]. 中华人民共和国住房和城乡建设部，（2007–08–30）[2007–09–03]. http://www.mohurd.gov.cn/gongkai/fdzdgknr/tzgg/200709/20070903_157289.html.

$$节约型绿地建设率（\%）=\frac{应用节约型园林技术的公园绿地和道路绿地面积之和（hm^2）}{公园绿地和道路绿地总面积（hm^2）}×100\%$$

目前，海绵城市建设极大地推动了节水绿地的建设，但对于多类型节约型绿地建设方式的应用还重视不足，要予以关注。

😐 具体评价方式

规划设计阶段：核查有没有制定相关的鼓励政策、技术措施，包括应用节约型园林技术类型和拟应用的区域等，以及落实计划。

实施运管阶段：以评价期上一年度末数据为准，查阅相关资料，包括应用节约型园林技术的公园绿地面积、道路绿地的名称、位置、面积和应用技术时间、情况说明等，并实地核查成效。

5.2.4 注重湿地保护，评价总分值为10分，并按下列规则分别评分并累计：

1 规划阶段完成基地湿地资源普查，并以完成当年为基准年，得5分；
2 城区湿地资源保存率达到80%，得1分；达到90%，得3分；达到100%，得5分。

📄 条文说明扩展

城市湿地在调节气候、改善环境、防洪蓄水、控制污染和保护生物多样性等方面有着其他生态系统不可替代的作用。城市湿地类型多样性、成因复杂，是城市蓝绿生态关键斑块和廊道，是城市生态安全格局的重要组成。城市湿地通过发挥集蓄调蓄功能，在暴雨、洪泛时提升城市滞洪排涝能力，降低内涝风险，减少下游雨洪压力，提升城市的安全韧性能力和水环境容量，为"海绵城市"提供着不可或缺的雨洪调控和水文循环功能。通过湿地生态系统中土壤、植物和微生物的物理、化学和生物的协同作用来降解污毒、净化水质，发挥自然净化功能；通过保护城市湿地中保存的原生植物物种，为城市保存种类丰富植物种子资源库，对城市原生植物群落的生态保育和本地动物觅食繁衍提供了不可替代的生境环境，有助于维持城市生物多样性。同时，城市湿地植物和水体的蒸腾散热作用显著，是天然的城市冷源和生态补偿空间，能够促进生态空间与城市之间的热量交换，缓解城市热岛效应，有利于调节和改善城市热岛效应。

对湿地进行保护既有利于提高城市韧性，提升海绵城市功能，同时是生物多样性保护的重要体现。建设部《关于加强城市生物多样性保护工作的通知》（建城〔2002〕249号）中要求严格保护城市规划区内的河湖、沼泽地、自然湿地等生态和景观的敏感区域。2017年12月5日国家林业局令第48号，新修订的《湿地保护管理规定》正式颁布，明确了"国家对湿地实行保护优先、科学恢复、合理利用、持续发展的方针"。[①]

城镇化建设导致湿地面积和生态功能减退的影响十分显著,保护湿地就要把湿地作为约束资源来看待,把保护的理念在绿色生态城区规划建设中加以落实。为此,通过城区规划建设前后湿地面积的变化,就可考核城区的开发建设中对湿地的保护力度。

$$城区湿地资源保存率(\%) = \frac{规划建设后城区湿地面积}{规划建设前城区湿地面积}$$

💬 具体评价方式

本条文适用于规划设计、实施运管评价。

规划设计阶段查阅资源普查文件。

实施运管阶段查阅城区湿地资源保存实施方案或证明文件,并现场核查。

5.2.5 实施城区海绵城市建设,推行绿色雨水基础设施,评价分值为10分,应按下列规则分别评分:

1 规划设计阶段,编制完成"城区海绵城市建设规划或海绵城市建设实施方案",得10分;

2 运营管理阶段,提供城区海绵城市建设达到设计目标的竣工图与运营报告,得6分;提供海绵城市建设运行效果监测和评估数据,且城区年雨水径流总量控制率达到《海绵城市建设技术指南》要求的下限值,得4分。

📋 条文说明扩展

我国传统的雨水排水系统在"快速、高效的工程排水"原则下,着眼于雨水快排,因而扩大雨水管道和城市河道横断面、减少粗糙率或开发分洪渠道等被认为是解决城市雨水排水问题的有效方法。随着城市化进程,大量城市道路、广场、商业街、停车场等城市下垫面广泛使用密级配沥青混合料、水泥混凝土、花岗石和大理石等不透水铺装,使城市地表逐渐被不透水下垫面覆盖,在"快排式"雨水排放模式下出现了多重困境,影响了现代城市的水环境安全。主要问题有径流雨水洪峰流量剧增、城市水体受期初雨污染、破坏城市水文环境、雨水资源浪费等。

目前,将低影响开发(简称LID)理念应用于"海绵城市建设"领域的技术以绿色雨水基础设施(Green Storm Infrastructure,简称GSI)为主,针对不同的应用层次(或尺度)可采取不同的技术措施,以实现削减径流洪峰流量,控制城市雨水径流污染,提高水资源利用率的目的。

[①] 国家林业局第48号令(湿地保护管理规定)[EB/OL]. 国家林业和草原局政府网,(2017–12–05)[2017–12–13]. http://forestry.gov.cn/main/3457/content_1056618.html.

《海绵城市建设指南》提出以城市地表年径流总量控制率作为绿色雨水基础设施评价指标。年径流总量控制率指根据多年日降雨量统计数据分析计算，通过自然和人工强化的渗透、储存、蒸发（腾）等方式，新建地块或改造地块内累计全年得到控制（不外排）的雨量占全年总降雨量的百分比。指标计算公式如下：

$$年径流总量控制率 = \frac{新建地块或改造地块内累计全年得到控制雨量}{全年总降雨量}$$

我国地域辽阔，气候特征、土壤地质等天然条件和经济条件差异较大，年径流总量控制率目标也不相同。《海绵城市建设指南》将我国大陆地区大致分5个区，并给出了各区年径流总量控制率α的最低限值和最高限值，即 I 区（85%≤α≤90%）、II 区（80%≤α≤85%）、III 区（75%≤α≤85%）、IV 区（70%≤α≤85%）、V 区（60%≤α≤85%）。

该指标控制实施途径为：通过控制相应的日降雨厚度达到年雨水径流总量控制的目标。在明确年径流总量控制率指标值的前提下，合理制定规划范围未建区域不同下垫面采取入渗、滞留、调蓄、回用等绿色雨水基础设施技术的分项指标，预测控制外排的降雨径流总量。同一个区域内，也可以按流域或者功能区提出不同的年径流总量控制率指标值。本条以达到《海绵城市建设技术指南》相应地区的低值为达标。

本条主要针对新建城区评价，对于已建城区，应结合区域整治、道路扩建、改建等进行海绵城市建设。不论是新城区建设，还是已建成区域的改建扩建，海绵城市建设作为项目建设的组成部分，应与项目主体同时设计、同时施工、同时投入使用。相关的总平面规划设计、园林景观设计、建筑设计、给水排水设计、管线综合设计等工种应密切配合，相互协调。

😐 具体评价方式

本条文适用于规划设计、实施运管评价。

规划设计阶段提交"海绵城市建设规划"或"海绵城市建设实施方案"，实施运管阶段查阅"海绵城市建设达到设计目标的竣工与运营报告"、竣工图和"海绵城市建设运行效果监测和评估数据"，还应提交城区年雨水径流总量控制率达到《海绵城市建设技术指南》要求的相关限值的证明材料，并现场核查。

📋 案例

苏州吴中太湖新城启动区海绵城市规划

苏州太湖新城规划发展现代服务业，总规划面积180km²，启动区规划范围约10km²，规划人口按13万人计，规划范围及用地见图5-1，规划年限近期2020—2025年，远期2026—2030年。

海绵城市专项规划将海绵分区划分为三级：一级分区结合区域地势和水系特征划定为5个水文单元，对年径流总量控制率目标进行分解，详见图5-2；二级分区在一级分区

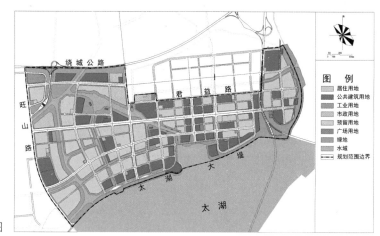

图5-1 用地规划图

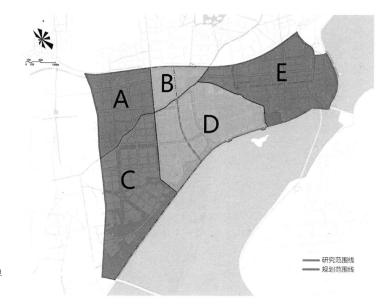

图5-2 一级水文单
元分区示意图

的基础上形成21个管控分区，对年径流总量控制率、面源污染削减率和生态岸线恢复率目标进行分解，详见图5-3；三级分区将管控指标落实到各地块，提出各类用地的透水铺装率、下沉式绿地率、绿色屋顶率、综合径流系数指标等。

从图中可以看出，启动区涉及B、D、E三个水文分区中的10个二级管控分区，各相关管控分区分别给出了年径流总量控制率指标，详见图5-4。

海绵城市建设规划措施

1. 结合场地地形特点，采用透水铺装、下凹式绿地、浅草沟、雨水花园等绿色雨水基础设施，提高场地对雨水径流的滞蓄能力，强化场地雨水入渗能力，减少城市面源污染。

2. 建立雨水回用系统，对地表径流进行收集利用，处理后雨水回用于室外绿化灌溉、道路浇洒等，实现雨水资源化。

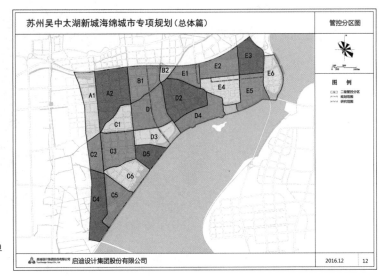

图5-3　二级管控单元分区示意图

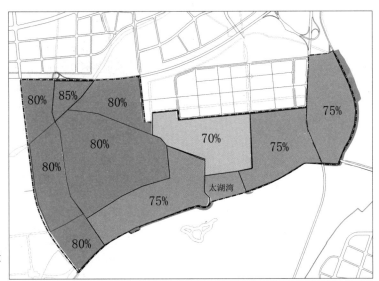

图5-4　年径流总量控制率分布

3. 采用屋顶绿化、透水铺装等措施，降低场地综合径流系数，提高场地雨水自然入渗能力。

5.2.6　场地防洪设计符合《防洪标准》GB 50201及《城市防洪工程设计规范》GB/T 50805的规定，评价分值为5分。

📋 条文说明扩展

城市防洪包含防洪排涝两部分内容。城市防洪体系的正常运行能够有效安全地防御设计标准以内的洪水。一般情况下，按照防护面积不同可分为流域防洪、区域治理和城市防洪。流域防洪标准按50至100年一遇；区域防洪标准按50年一遇：城市防洪标准按100年一遇，中心城区可达到200年一遇。

区域防涝标准，按20年一遇及以上。

😐 **具体评价方式**

本条文适用于规划设计、实施运管评价。

本条文的评价方法为：规划设计阶段提交对城市防洪排涝提出要求的经批准执行的相关专项规划（或相关规定），以及证明材料。相关专项规划应满足现行规范、标准等要求，其中防洪安全应明确参评城区是否在城市防洪规划体系范围内，排涝安全应分析项目内各排涝片区是否满足相关标准的要求，重点地区、交通枢纽、大型地下公共空间等配备的汛期排水设施是否完善，并有实施方案和预期达到设防目标的措施。实施运管阶段提交对城市防洪排涝提出要求的经批准执行的相关专项规划（或相关规定），以及城区防洪排涝设施竣工资料或证明文件，抽查重点地区、交通枢纽、大型地下公共空间等配备的汛期排水设施。

II 环境质量

5.2.7 城区建设用地内无土壤污染，评价总分值为5分，应按下列规则分别评分：

1 规划设计阶段，完成土壤污染环境调查评估，得3分；对存在污染土壤制订治理方案或场地无污染土壤，得5分；

2 运营管理阶段，完成土壤治理并达标，或土壤无污染，得5分。

📋 **条文说明扩展**

国务院2016年5月28日新颁布的《土壤污染防治行动计划》（国发〔2016〕31号，简称"土十条"）明确规定："四、要实施建设用地准入管理，防范人居环境风险……自2017年起，对拟收回土地使用权的有色金属冶炼、石油加工、化工、焦化、电镀、制革等行业企业用地，以及用途拟变更为居住和商业、学校、医疗、养老机构等公共设施的上述企业用地，由土地使用权人负责开展土壤环境状况调查评估；已经收回的，由所在地市、县级人民政府负责开展调查评估……分用途明确管理措施……符合相应规划用地土壤环境质量要求的地块，可进入用地程序。"[1]2019年1月1日起施行的《中华人民共和国土壤污染防治法》规定："国家实行建设用地土壤污染风险管控和修复名录制度。""列入建设用

---

① 国务院. 国务院关于印发土壤污染防治行动计划的通知（国发〔2016〕31号）[EB/OL]. 中国政府网，（2016-05-28）[2016-05-30]. http://www.gov.cn/zhengce/content/2016-05/31/content_5078377.htm.

地土壤污染风险管控和修复名录的地块，不得作为住宅、公共管理与公共服务用地。"①《绿色建筑评价标准》（GB/T 50378）对建筑场地的选址土壤有明确的规定，不得含氡。

💬 具体评价方式

规划设计阶段：查阅土壤普查文件，以及规划确定的土壤标准。绿色生态城区要保障区域土壤符合建设标准。

实施运管阶段：现场抽查，查阅检测报告。

5.2.8　区域内地表水环境质量达到批准执行的城市水环境质量标准，评价总分值为10分。城区最低水质指标达到《地表水环境质量标准》GB 3838 Ⅳ 类，得5分；达到Ⅲ类及以上，得10分。

📖 条文说明扩展

城区的河道湖泊水质直接体现了水体治理、海绵城市建设等工作成效。《地表水环境质量标准》GB 3838将地表水体分为六类，分别为Ⅰ类、Ⅱ类、Ⅲ类、Ⅳ类、Ⅴ类和劣Ⅴ类。由于多年的城市开发与面源污染，一般的城市河道水质较难达到Ⅲ类及以上，本条文以达到Ⅳ类为得分基准点，目的是促进城市开发建设的同时能确保面源污染控制，使得城市地表水体水质得到保持或提升。城区水质指标以规划区域内河道、湖泊等地表水体监测断面的最低水质指标等级为准。

💬 具体评价方式

本条文适用于规划设计、实施运管评价。

规划设计阶段提交对城市水环境质量提出要求的经批准执行的相关专项规划（或相关规定）以及证明材料，并提交达标实施方案，实施运管阶段提交对城市水环境质量提出要求的经批准执行的相关专项规划（或相关规定），以及主要水体断面的水质监测报告。

5.2.9　建立空气质量监测系统，评价总分值为10分，并按下列规则分别评分并累计：

1　年空气质量优良日达到240天，得1分；达到270天，得3分；达到300天，得5分；

2　PM2.5平均浓度达标天数达到200天，得1分；达到220天，得3分；达到280天，得5分。

---

① 中华人民共和国土壤防治污染法（2018年8月31日第十三届全国人民代表大会常务委员会第五次会议通过）[EB/OL].
中国人大网，（2018-08-31）. http://npc.gov.cn/npc/c30834/201808/13d193fc25734dee91da8d703e057edc.shtml.

📋 **条文说明扩展**

　　城市空气质量直接关系到城市居民的身心健康和生活质量。一年中城市环境污染物浓度限值应符合国标《环境空气质量标准》GB 3095—2012中4.1和4.2的规定，城市环境功能区属于二类，即："二类区为居住区、商业交通居民混合区、文化区、工业区和农村地区。""一类区适用一级浓度限值，二类区适用二级浓度限值。"并计算空气质量指数（Air Quality Index，简称AQI），AQI就是各项污染物空气质量分指数中的最大值。根据《环境空气质量指数（AQI）技术规定（试行）》HJ 633—2012规定，空气质量按照空气质量指数大小分为六级，相对应空气质量的六个类别，指数越大、级别越高说明污染的情况越严重，对人体的健康危害也就越大。空气污染指数0~50，质量级别为一级，空气质量状况属于优。空气污染指数为51~100，空气质量级别为二级，空气质量状况属于良。空气质量分指数（Individual Air Quality Index，简称IAQI）；

$$IAQI_P = \frac{IAQI_{Hi} - IAQI_{Lo}}{BP_{Hi} - BP_{Lo}}(C_P - BP_{Lo}) + IAQI_{Lo}$$

式中　IAQI_P——污染物项目P的空气质量分指数；

　　　　C_P——污染物项目P的质量浓度值；

　　BP_{Hi}——相应地区的空气质量分指数及对应的污染物项目浓度指数表中与C_P相近的污染物浓度限值的高位值；

　　BP_{Lo}——相应地区的空气质量分指数及对应的污染物项目浓度指数表中与C_P相近的污染物浓度限值的低位值；

　IAQI_{Hi}——相应地区的空气质量分指数及对应的污染物项目浓度指数表中与BP_{Hi}对应的空气质量分指数；

　IAQI_{Lo}——相应地区的空气质量分指数及对应的污染物项目浓度指数表中与BP_{Lo}对应的空气质量分指数。

　　各项污染物的IAQI中选择最大值确定为AQI，当AQI大于50时将IAQI最大的污染物确定为首要污染物；

$$AQI = \max\{IAQI_1, IAQI_2, IAQI_3, \cdots, IAQI_n\}$$

式中　IAQI——空气质量分指数；

　　　　n——污染物项目。

　　同时，大气中PM2.5日平均浓度限值达到生态环境部规定天数，年平均浓度限值为0.035mg/m³，日平均浓度限值为0.075mg/m³。

💬 **具体评价方式**

　　规划设计阶段：审查相关措施报告；

实施运管阶段：查阅监测报告及台账。

5.2.10 合理控制城区的城市热岛效应强度，评价总分值为5分，并按下列规则评分：城市热岛效应强度不大于3.0℃，得3分；不大于2.5℃，得5分。

📋 条文说明扩展

热岛效应是由于人们改变城市地表而引起小气候变化的综合现象，是城市出现市区气温比周围郊区气温高的现象，热岛效应强度采用城市市区6—8月日最高气温的平均值和对应时期区域腹地（郊区、农村）日最高气温平均值的差值表示。实践表明，合理的城市绿地系统结构、较高的绿化覆盖率和乔灌花草的合理搭配可以有效地减少城市特别是城市中心区的热岛效应强度，所以热岛效应强度也是评价一个城市园林绿化水平的重要指标。

热岛计算方法：

城市热岛效应强度（℃）=建成区气温的平均值（℃）－建成区周边区域气温的平均值（℃）。

城市热岛效应强度采用城市建成区与建成区周边（郊区、农村）6—8月的气温平均值的差值进行评价。热岛效应一般采用气象站法、遥感测定法等进行研究，遥感测定可以获取大面积温度场，监测快捷、更新容易，能够直观定量的研究热岛特征，遥感数据反演出的是亮温或地表温度，所以应对遥感数据进行反演。但遥感测定易受到天气、云等影响，且温度反演存在一定难度。

要获得较真实的热岛效应强度，宜统一亮温评价时间段，尽可能采用多日的亮度温度差，反演前去除云量等影响。

💬 具体评价方式

规划设计阶段：审查相关资料，包括城市热岛控制管理，以及建设项目规划设计资料；

实施运管阶段：通过审核上报统计资料，包括城市各气象监测点统计数据、卫星或航空遥感影像数据等，测算热岛效应强度。

5.2.11 区域环境噪声质量达到现行国家标准《声环境质量标准》GB 3096的规定，评价总分值为5分。环境噪声区达标覆盖率达到80%，得1分；达到90%，得3分；达到100%，得5分。

📋 条文说明扩展

城市声环境是城市居民生活环境的重要组成部分，城市声环境的好坏直接关系到城市居民的身心健康和生活质量。本项评价按照《声环境质量标准》GB 3096中"4 声环境功能区分类"和"5 环境噪声限值进行考核（表1）"，即，"按区域的使用功能特点和环境质量要求，声环境功能区分为以下五种类型：

0类声环境功能区：指康复疗养区等特别需要安静的区域。

1类声环境功能区：指以居民住宅、医疗卫生、文化教育、科研设计、行政办公为主要功能，需要安静的区域。

2类声环境功能区：指以商业金融、集市贸易为主要功能，或者居住、商业、工业混杂，需要维护住宅安静的区域。

3类声环境功能区：指以工业生产、仓储物流为主要功能，需要防止工业噪声对周围环境产生严重影响的区域。

4类声环境功能区：指交通干线两侧一定距离之内，需要防止交通噪声对周围环境产生严重影响的区域，包括4a类和4b类两种类型。4a类为高速公路、一级公路、二级公路、城市快速路、城市主干路、城市次干路、城市轨道交通（地面段）、内河航道两侧区域；4b类为铁路干线两侧区域。"

表1　环境噪声限值

单位：dB（A）

声环境功能区类别		时段	
		昼间	夜间
0类		50	40
1类		55	45
2类		60	50
3类		65	55
4类	4a类	70	55
	4b类	70	60

具体评价方式

规划设计阶段：审查城市环境管理办法，以及相应的建设项目规划设计材料；

实施运管阶段：现场审查监测报告，包括上报地方和国家环境质量监测点数据统计，以及正式发布的环境质量公报。

5.2.12　实行生活垃圾分类收集、密闭运输，评价总分值为10分，并按下列规则分别评分并累计：

1　建立家庭有害垃圾收集、运输、处理体系得5分；

2 生活垃圾中其他垃圾密闭化运输，得5分。

📄 条文说明扩展

生活垃圾一般分四类包括有害垃圾、餐厨垃圾、可回收垃圾和其他垃圾。

有害垃圾主要包括：废电池（镉镍电池、氧化汞电池、铅蓄电池等），废荧光灯管（荧光灯管、节能灯等），废温度计等。

餐厨垃圾包括家庭厨余垃圾、单位食堂、宾馆、饭店、农贸市场、农产品批发市场产生的易腐垃圾等。

可回收物主要包括：废纸，废塑料，废金属，废旧纺织物，废弃电器电子产品等。

首先，结合实际确立垃圾分类制度，建立分类投放、分类收集、分类运输、分类处理的垃圾处理系统；其次，单独收集的有害垃圾、家庭厨余垃圾，以及单位产生的易腐垃圾、可回收垃圾要有统计、有管理、有记录；最后，其他垃圾收集容器，以及垃圾车应具有密闭性能，收集运输过程中应做到无遗撒、无滴漏，保持整洁、卫生。

💬 具体评价方式

规划设计阶段：审查相关上报资料，包括有关项目规划设计方案。

实施运管阶段：现场核查相关资料，包括上报地方和国家的监测统计数据，以及城市建设统计年鉴，并实地调研。

绿色建筑

6

6.1 控制项

6.1.1 新建民用建筑应按照现行国家标准《绿色建筑评价标准》GB/T 50378的规定全部达到绿色建筑一星级及以上标准，其中达到绿色建筑二星级及以上标准的建筑面积比例不低于30%。新建大型公共建筑（办公、商场、医院、宾馆）达到绿色建筑二星级及以上标准的面积比例不低于新建大型公共建筑总面积的50%。政府投资的公共建筑应100%达到绿色建筑二星级及以上评价标准。

📋 **条文说明扩展**

本条适用于规划设计、实施运管评价。

本条所指绿色建筑包括各类绿色民用建筑，但不包括绿色工业建筑。对工业建筑的比例作为技术创新项体现。

根据财政部、住房城乡建设部《关于加快推动我国绿色建筑发展的实施意见》（财建〔2012〕167号）文件要求，绿色生态城区新建建筑全面执行现行国家标准《绿色建筑评价标准》GB/T 50378中的一星级及以上标准，其中二星级及以上标准建筑达到30%。考虑到大型公共建筑资源消耗量大，其用能、用水以及材料等使用量超过常规建筑，为了更大限度地节约资源和改善环境，因此对公共建筑的绿色建筑比例作出更高的要求，有利于降低城区内的公共建筑对资源的消耗。本条规定的大型公共建筑指建筑面积超过2万㎡的公共建筑，功能类型包括办公、商场、医院，以及宾馆。面积比是指获得二星级及以上的办公、商场、医院、宾馆面积总和与这四类建筑面积总面积之比。

本条的评价方法为：审查区域总体规划、控制性详细规划和绿色建筑专项规划。

6.1.2 依据上位规划，制定绿色建筑专项规划，明确城区内绿色建筑的发展目标、主要任务及保障措施。

📋 **条文说明扩展**

本条适用于规划设计、实施运管评价。

绿色建筑专项规划是在既有城市总体规划等上位规划成果的基础上，制定地区绿色建筑发展目标，规划绿色建筑空间布局，形成约束性的绿色建筑星级要求和指导性的管理、技术文件，为推进绿色建筑全生命周期落地实施提供支撑。绿色建筑专项规划方案是城区内实施绿色建筑发展的纲领性文件，对城区绿色建筑的管理有重要的意义，应结合总体规划开展编制工作，以指导城区内的绿色建筑发展。目前我国现行的城市规划体系中，缺乏相关的规范或导则指导绿色建筑规划编制。部分地区在推进绿色建筑工作中，对于绿色建筑星级要求"一刀切"，或者按照地区节能考核目标"随意"确定，进而导致绿色建筑发展的"碎片化"、协同发展效应不足，规模化推进成效不明显。因此亟须创新规划方法，开展绿色建筑专项规划编制工作，有效地弥补绿色建筑空间布局规划的短板。绿色建筑专项规划中应明确城区内绿色建筑发展的目标定位及具体的绿色建筑布局方案，并从管理角度提出保障绿色建筑实施的措施。上述措施应对绿色建筑实施各阶段具体管理监督主体和内容进行规定，从而形成绿色建筑从土地出让到竣工验收的闭合监管机制。

　　绿色建筑专项规划作为绿色生态城区发展的衍生物，有别于传统规划，目前还没有相关的法规政策明确指导绿色建筑专项规划。规划技术体系和技术方法仍在探索中，图6-1为江苏省绿色生态城区绿色建筑规划的技术路线图。

　　本条的评价方法为：审查区域总体规划、控制性详细规划和绿色建筑专项规划。

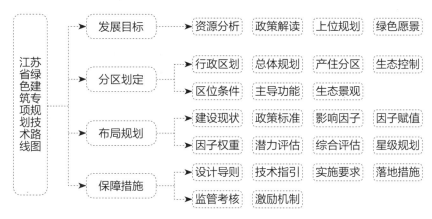

图6-1　江苏省绿色建筑专项规划技术路线图

6.2　评分项

6.2.1　根据城区气候特色和地区资源现状，结合建筑不同功能，编制总体的绿色建筑技术导则与各类绿色建筑适用技术应用指南，评价分值为10分。

📋 **条文说明扩展**

　　本条文适用于规划设计评价。

绿色建筑措施的应用效果与所在地的气候特点和资源现状密切相关，因地制宜是绿色建筑提倡的理念之一。不同的建筑功能对绿色建筑技术措施有不同的要求，在实施绿色建筑时的侧重点有差异。因此在绿色建筑生态城区的规划构建过程中，政府管理部门有必要对适应当地的绿色建筑技术措施进行引导。编制适用技术应用指南，供城区内的项目设计选用，是保障城区内绿色建筑实施效果的重要措施。绿色建筑适用技术应用指南应包括推荐性的技术措施、适用范围、应用技术要点、经济性等内容。

天津中新生态城在推进生态城区的建设之初，在《中新天津生态城绿建专项规划》基础上，先后编制完成了《中新天津生态城绿色建筑评价标准》DB/T 29—192—2016、《中新天津生态城绿色建筑评价细则》、《中新天津生态城绿色建筑设计标准》DB/T 29—195—2016、《中新天津生态城绿色建筑运营管理导则》、《中新天津生态城绿色施工技术规程》DB/T 29—198—2016等技术管理文件，对设计环节发布了《天津生态城绿色建筑能耗基准线试行标准》，形成了对单体建筑设计、建造、运行过程的耗能评价管理，有效保障生态城节能减排目标的实现。此外还编制《中新天津生态城建筑能耗模拟操作手册》，进一步对生态城绿色建筑的能耗模拟软件类型、版本、参数设置要求进行明确的规定。

本条文的评价方法为：审核建设管理部门的技术管理文件。

6.2.2 新建建筑执行高星级绿色建筑要求，提高二星级及以上绿色建筑的比例要求，评价总分值为15分，应按下列规则评分：

1 新建二星级及以上绿色建筑面积占总建筑面积的比例达到35%，得10分；
2 新建二星级及以上绿色建筑面积占总建筑面积的比例达到40%，得15分。

📋 条文说明扩展

建筑是城区内的资源消耗重要部分，应成为降低城区资源消耗，提升城区生态质量的着力点之一。在绿色生态城区规划设计中应强调对绿色建筑数量要求，以控制整个城区的资源消耗水平。二、三星级绿色建筑在控制建筑资源消耗和改善室内环境效果上比一星级绿色建筑更加显著，在一星级绿色建筑成为绿色生态城区基本要求的基础上，鼓励实施更高星级绿色建筑，提高二星级及以上绿色建筑的比例，对城区建筑的性能提升尤为重要。

《绿色建筑评价标准》GB/T 50378—2019在认真总结国内绿色建筑实践的基础上，全面提升了绿色建筑的各项要求：①重新构建了绿色建筑评价技术指标体系；②调整了绿色建筑的评价时间节点；③增加了绿色建筑等级；④拓展了绿色建筑内涵；⑤提高了绿色建筑性能要求。因为更多的实现高星级绿色建筑，提升高星级绿色建筑比例，对城区的低碳减排、节能环保带来更大的效益。

💬 **具体评价方式**

本条文适用于各类城区的规划设计评价、实施运管评价。

设计评价审核政府部门审批的城区所在地控制性详细规划、绿色建筑专项规划及绿色建筑面积占城区总建筑面积比例计算书。

运行评价在设计评价基础上现场核查，审核已获得标识的绿色建筑面积占城区总建筑面积比例计算书。

6.2.3 城区内既有建筑实施绿色改造，提升既有建筑的性能，评价总分值为10分，应按下列规则评分：

1 既有建筑改造项目通过绿色建筑星级认证的面积比例达到10%，得5分；

2 既有建筑改造项目通过绿色建筑星级认证的面积比例达到20%，得10分。

📋 **条文说明扩展**

本条文适用于规划设计、实施运管评价。

既有建筑项目建造时间早，往往未执行节能或绿色建筑相关标准，其资源消耗指标均较高。通过改造实施绿色建筑技术措施，达到绿色建筑的目标，可以有效降低项目自身的能源、水资源等消耗，提升室内环境质量，因此对既有建筑绿色改造项目的数量进行引导，保障城区内建筑的整体绿色性能。

对于开展改造的既有建筑项目，应鼓励其按照《既有建筑绿色改造评价标准》GB/T 51141—2015的要求开展绿色化改造，并申请绿色建筑设计标识。

本条文的评价方法为：规划设计阶段审核规划设计文件；实施运管阶段在设计阶段评价方法之外还应核实竣工图或现场核实。

6.2.4 新建建筑采用工业化建造技术，推行预制装配式混凝土结构、钢结构或木结构建筑，装配式单体建筑的装配率达到40%以上，评价总分值为20分，应按下列规则评分：

1 装配式建筑面积占新建建筑面积比例达到3%，得10分；

2 装配式建筑面积占新建建筑面积比例达到5%，得15分；

3 装配式建筑面积占新建建筑面积比例达到8%，得20分。

📋 **条文说明扩展**

本条文适用于规划设计、实施运管评价。

建筑工业化是以构件预制化生产、装配式施工为生产方式，以设计标准化、构件部品化、施工机械化、管理信息化为特征，能够整合设计、生产、施工等整个产业链，实现建筑产品节能、环保、全生命周期价值最大化的可持续发展的新型建筑生产方式。工业化建筑内涵包括装配式建筑由结构系统、外围护系统、设备与管线系统，以及内装系统四大系统组成（图6-2），需要实现主体结构、建筑围护、机电与装修一体化，其主要特征详见表6-1。

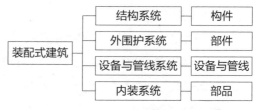

图6-2　装配式建筑系统集成

表6-1　装配式建筑的主要特征

序号	特征	具体内容
1	集成化系统化标准设计	以完成的建筑产品为对象，以系统集成为方法，体现加工和装配需要的标准化设计
2	部品部件工厂化	以工厂精细化生产为主的部品部件
3	现场工地的装配化	以装配和干式工法为主的工地现场
4	建造过程绿色化	提升建筑工程质量、提高劳动生产效率、节约资源能源、减少施工污染
5	全过程信息化	基于BIM技术的全链条信息化管理，实现设计、生产、施工、装修和运维的协同

2016年2月，《中共中央　国务院关于进一步加强城市规划建设管理工作的若干意见》，提出："加大政策支持力度，力争用10年左右时间，使装配式建筑占新建建筑的比例达到30%。"[1]这标志着国家正式将推广装配式建筑提升到国家发展战略的高度。文件实施以来，以装配式建筑为代表的我国新型建筑工业化快速推进，建造水平和建筑品质明显提高。2020年8月《住房和城乡建设部等部门关于加快新型建筑工业化发展的若干意见》，又将新型建筑工业化定义为通过新一代信息技术驱动，以工程全寿命期系统化集成设计，构件和部品部件生产优化，精益化生产施工为主要手段，整合工程全产业链、价值链和创新链，实现工程建设高效益、高质量、低消耗、低排放的建筑工业化。由此可见建筑工业化的内涵和外延随着工作的深入也是在不断变化中的。

2017年本标准编制颁布时，工业化建造主要用采用主体结构（含围护结构）生产、施工方式来衡量装配式建筑的发展水平高低。因此，在本规范的条文说明中，要求单体

---

① 新华社. 中共中央　国务院关于进一步加强城市规划建设管理工作的若干意见[EB/OL]. 中国政府网，（2016-02-06）[2016-02-21]. http://www.gov.cn/zhengce/2016-02/21/content_5044367.htm.

建筑装配率需达到40%以上才认定为装配式建筑，其中装配率的计算采用体积（或重量）法，即装配构件（外体、内墙、梁柱、楼板、楼梯、阳台等）体积占总体建筑构件体积（或重量）的比例。2018年2月1日起正式实施的国标《装配式建筑评价标准》GB/T 51129—2017中4.0.1条对装配率进行了重新定义，即在满足全装修条件下，装配率按下式计算：

$$P=\frac{Q_1+Q_2+Q_3}{100-q}\times100\%$$

式中 P——装配率；

   Q_1——主体结构指标实际得分值；

   Q_2——围护墙和内隔墙指标实际得分值；

   Q_3——装修和设备管线指标实际得分值；

   q——评价项目中缺少的评价项分值总和。

表4.0.1　装配式建筑评分表

评价项		评价要求	评价分值	最低分值
主体结构（50分）	柱、支撑、承重墙、延性墙板等竖向承重构件	35%≤比例≤80%	20~30*	20
	梁、板、楼梯、阳台、空调板等构件	70%≤比例≤80%	10~20*	
围护墙和内隔墙（20分）	非承重围护墙非砌筑	比例≥80%	5	10
	围护墙与保温、隔热、装饰一体化	50%≤比例≤80%	2~5*	
	内隔墙非砌筑	比例≥50%	5	
	内隔墙与管线、装修一体化	50%≤比例≤80%	2~5*	
装修和设备管线（30分）	全装修	—	6	6
	干式工法楼面、地面	比例≥70%	3~6*	—
	集成卫生间	70%≤比例≤90%	3~6*	
	集成厨房	70%≤比例≤90%	3~6*	
	管线分离	50%≤比例≤70%	4~6*	

注：表中带"*"项的分值采用"内插法"计算，计算结果取小数点后1位。

　　由于装配式建筑是四大系统（结构系统、外围护系统、设备与管线系统、内装系统）的集成，这也是为什么国标《装配式建筑评价标准》GB/T 51129要同时满足结构、围护的分值，以及全装修和装配率的要求。只做结构部分的预制，是不能算装配式建筑，结构只能是其中一部分而已。采用预制构件是装配率的重要贡献因素，但预制构件和装配式建筑两者不能画等号。应该说，本规范的条文说明对装配率的解释具有一定的局限性，应按现行的国标《装配式建筑评价标准》GB/T 51129—2017来进行计算。

目前，各地出台了当地装配式建筑的装配率（有些地区称为预制装配率）的计算方法，可能与国标《装配式建筑评价标准》GB/T 51129规定的装配率存在较大的差异，运用本标准时注意按照国标规定的方法来进行核算。

近年来，为了加快装配式建筑发展，促进装配式建筑项目落地，各地方政府纷纷出台发展装配式建筑的实施意见，例如广东省将发展装配式建筑列入《广东省绿色建筑条例》，印发《广东省人民政府办公厅关于大力发展装配式建筑的实施意见》，明确装配式建筑发展的目标任务，并对装配式建筑在规划、用地、财税、金融等方面给予支持。目前各地主要举措包括将装配式建筑纳入土地的招拍挂流程，自然资源和规划部门对装配式建筑在规划总平面及建设工程规划许可证予以注明。江苏省南京市截至2018年底，全市土地出让合同中明确装配式建筑指标要求的地块已有162幅，其中2018年新出让经营性地块79幅，土地出让合同中有明确装配式建筑指标要求地块达75幅。以上这些举措大大推进了工业化建筑技术在工程实践中的应用。

小结

1. 面对90%以上为钢筋混凝土结构的建筑市场，面对与国际接轨高质量发展的建筑新形势，面对几千万进城务工人员为主的建设大军正发生劳动力市场急剧变化的新趋势，建筑工业化（装配式建筑）是大势所趋的选择。

2. 装配率是建筑工业化推行中的重要参数，必须因地制宜的考虑，建筑功能、层数、增量成本、环保要求、地域文化（造型、色调）、城市灾害、政府政策都与之休戚相关，需综合考虑。

3. 装配式建筑的质量验收，是建筑安全保障的重要环节，应组织专家严格有效地检查其中的隐蔽工程，特别是钢筋连接和节点现浇混凝土密实度、灌浆效果，对施工企业培训及上岗考核。

4. 对一线、二线、三线城市，在科学估算装配式建筑需求量的基础上，合理规划预制工厂规划建设，布局均匀，收费合理，让建筑工业化长上翅膀（注：近期座谈会上，闻说某一线城市，产量已达480万m²，实际需求为120万m²，只能将多余的产量长距离的销售给邻近城市）。

为使工程技术人员更好地了解国内的发展近况及政策，设附录供大家参考。

附录 装配式建筑扶持政策及补贴标准（至2018年）

北京

至2018年，实现装配式建筑占新建建筑面积的比例达到20%以上，到2020年，实现装配式建筑占新建建筑面积的比例达到30%以上。

对于实现范围内的预制率达到50%以上，装配率达到70%以上的非政府投资项目予以财政奖励；对于未在实施范围的非政府投资项目，凡自愿采用装配式建筑并符合实施标准的，按增量成本给予一定比例的财政奖励，同时给予实施项目不超过3%的面积奖励，增值税即征即退优惠等。

三类项目全部采用装配式建筑：

一是北京市保障性住房和政府投资的新建建筑。

二是通过招拍挂方式取得城六区和通州区地上建筑规模5万m^2（含）以上国有土地使用权的商品房开发项目。

三是在某地区取得地上建筑规模10万m^2（含）以上国有土地使用权的商品房开发项目。

上海

以土地源头实行"两个强制比率"（装配式建筑面积比率和新建装配式建筑单体项目的预制装配率），即2015年在工地面积总量中落实装配式建筑的建筑面积比例不少于50%。2016年外环线以内符合条件的新建民用建筑全部采用装配式建筑，外环线以外超过50%。2017年起外环线以外在50%基础上逐渐增加。

对总建筑面积达到3万m^2以上，且预制装配率达到45%及以上的装配式住宅项目，每平方米补贴100元，单个项目最高补贴1000万元。对自愿实施装配式建筑的项目给予不超过3%的容积率奖励。装配式建筑外墙采用预制夹心保温墙体的，给予不超过3%的容积率奖励。

江苏

至2020年，全省装配式建筑占新建建筑比例将达到30%以上。

项目建设单位可申报示范工程，包括住宅建筑、公共建筑、市政基础设施三类，每个示范工程项目补助金额约150万~250万元，项目建设单位可申报保障性住房项目，按照建筑产业现代化方式建造，混凝土结构单体建筑预制装配率不低于40%，钢结构、木结构建筑预制装配率不低于50%，按建筑面积每平方米奖励300元，每个项目补助最高不超过1800万元/个。

浙江

至2020年，浙江省装配式建筑占新建建筑比例将达到30%。

使用住房公积金全贷款购买装配式建筑的商品房，公积金贷款额度最高可上浮

20%，对于装配式建筑项目，施工企业缴纳的质量保证金以合同总价扣除预制构件总价作为基数乘以2%费率计取，建设单位缴纳的住宅物业保修金以物业建筑安装总造价扣除预制构件总价作为基数乘以2%费率计取，容积率奖励等。

Ⅰ类项目全部采用装配式建筑：

2016年10月1日起，全省各市、中心城区出让或划拨土地上的新建住宅，全部实施全装修和成品交付。

（请注意各地出台政策的动态变化）

💬 **具体评价方式**

审核绿色建筑或装配式建筑专项规划、土地出让文件。

图6-3是某市的《某工程项目规划条件》中，在土地出让条件中对装配式建筑和全装修交付的相关要求。

第三章 土地开发建设与利用

第十条 受让人在出让土地范围内进行开发建设应符合下列

条件：

1. 规划条件及指标

分区	用地性质	出让面积	容积率	建筑高度	建筑密度	绿地率
		m²	—	m	%	%
A	R2 二类居住用地	27 903.34	1.01≤R≤2.5	H≤60	≤25	≥30
B	R2 二类居住用地	19 920.16	1.01≤R≤1.6	H≤24	≤28	≥30
C	S9 其他交通设施用地（地下空间）	331.72	—			

2. 出让要求

（1）该地块商业服务配套设施（含物业设施）不得大于地上总建筑面积的3%。C分区为A、B分区地下连接通道，功能为停车，可根据需要建设。

（2）该地块装配式建筑面积比例100%，住宅建筑单体预制装配率≥50%，公共建筑单体预制装配率≥40%，住宅建筑100%实行全装修成品房交付，不享受容积率奖励政策。

（3）该地块须全部采用可再生能源作为系统冷热源的集中空调方式。

图6-3 某市土地出让条件中装配式建筑和全装修交付的相关要求

6.2.5 主管部门在项目审批各阶段建立绿色建筑项目建设的技术指南、建设导则等管理文件，评价分值为10分。

📋 **条文说明扩展**

本条文适用于规划设计、实施运管评价。

当地政府应依据有关法律、法规和城市管理模式，在土地拍卖和项目立项、设计、施工、运行维护全过程，明确各单位责任和任务，确保生态城区绿色建筑建设顺利推进。

生态城区建设用地使用权的出让遵循生态优先的原则，土地使用权出让合同应当明确具体的生态建设指标和违约责任。

发展和改革、城乡规划、建设、环境保护等主管部门，在项目审批、建设管理、竣工验收等环节加强落实土地使用权出让合同中的生态建设指标，并负责监测、监督检查和实施评估。

城乡建设管理部门宜编制《绿色城区绿色建筑方案评审要点》《绿色城区绿色建筑施工图审查要点》《绿色建筑竣工验收办法》《绿色建筑实施运管指南》等技术文件，指导各单位、各部门绿色建筑工作。

本条的评价方法为：审查建设管理部门的技术管理文件。

6.2.6 按照绿色施工的要求进行绿色建筑项目的建设，评价总分值为10分，并按下列规则评分：

1 城区获得绿色施工示范工程的建筑项目数量1项，得5分；
2 城区获得绿色施工示范工程的建筑项目数量2项，得10分。

📋 条文说明扩展

本条文适用于实施运管评价。

绿色生态城区项目应按照《绿色施工导则》中的减量化、资源化、无害化的要求进行施工，严格控制扬尘，对建筑垃圾的产生、收集、运输、储存、处置、利用实行全过程控制。申报项目应满足《全国建筑业绿色施工示范工程申报及验收指南》。

中央关于绿色建造的含义包括项目策划、绿色设计、绿色施工、智能运营几个环节。绿色施工的内容非常丰富，从环保的扬尘、噪声、水污染、土污染，到节能、节水、节材、节地，废弃物的处理。工程界的理解不全面，特别是施工企业经常将建筑的绿色设计套到绿色施工的理解上，对施工的过程中的量化数据不能充分提供，体现不出真正的绿色施工。绿色施工需要制定并实施施工节能和用能方案，制定并记录施工区、生活区的能耗，监测并记录主要建筑材料、设备从供货商提供的货源地到施工现场运输的能耗，监测并记录建筑废弃物从现场到废弃物处理/回收中心运输的能耗。根据某工程案例的施工能耗数据统计，从开工至主体结构施工完，施工区总用电量244 160kW·h，生活区总用电量113 541kW·h，合计357 701kW·h，按建筑面积分摊计算得5.537kW·h/㎡（图6-4）。

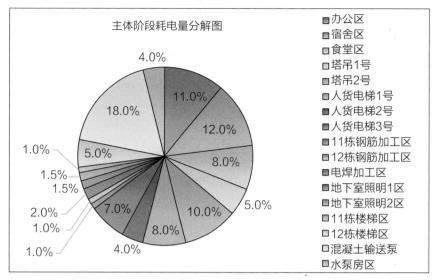

图6-4　某工程项目施工能耗统计

本条的评价方法为：审核国家有关部门给予的绿色施工验收证书。

6.2.7　按照绿色建筑的运营要求落实绿色建筑项目的实施运管，评价总分值为15分，应按下列规则评分：

1　取得绿色建筑运营标识的数量占竣工项目数量达到5%，得5分；

2　取得绿色建筑运营标识的数量占竣工项目数量达到10%，得10分；

3　取得绿色建筑运营标识的数量占竣工项目数量达到15%，得15分。

📋 条文说明扩展

本条适用于实施运管评价。

实施运管是绿色建筑的关键环节，绿色建筑措施要实现理想中的效果，依赖于良好地实施运管措施。重设计、轻运管是我国绿色建筑早期发展中的状态，由此带来一系列的问题，许多绿色建筑在运行中未能达到预期的效果。因此重视运管是今后绿色建筑发展的重点。在绿色生态城区的建设中，应强调实施运管措施的实施，因此提出对实施运管标识的要求。评价时以城区规划实施开始至评价之前城区范围内竣工的全部项目数量作为基数。

本条文的评价方法为：审查政府绿色建筑项目清单表，绿色建筑项目清单表应包括项目的名称、规模、开工（竣工）时间、设计标识评审及获得的时间。审查绿色建筑运行标识证书。

6.2.8 主管部门编制绿色建筑后评估管理测试办法，并对绿色建筑项目建设效果进行后评估，评价分值为10分。

条文说明扩展

本条文适用于实施运管评价。

绿色生态城区建设周期长，生态城区建设主管部门应该建立绿色建筑后评估机制（如管理测试办法、评价报告、年度总结等形式），在生态城区建设过程中每年对绿色建筑实践经验和问题进行总结，调整指导方案和技术管理措施，保证后期绿色建筑实践的效果。

本条的评价方法为：审核政府建设部门绿色建筑技术及管理文件。

资源与碳排放

7

资源节约是绿色生态城区的基本特征之一，绿色生态城区应充分发挥在能源和水资源利用、废弃物资源化利用等方面的集约节约利用优势，提升资源循环利用水平，促进城市实现绿色发展。"资源与碳排放"有3项控制项，14项评分项。评分项分为能源、水资源、材料和固废资源、碳排放四个板块，分别有5条（41分）、4条（24分）、3条（15分）和2条（20分）。

7.1　控制项

7.1.1　应制定能源综合利用规划，统筹利用各种能源。

📖 条文说明扩展

城市规划所涵盖的主要能源：电力、燃气、热力、油品、煤炭及可再生能源。城市能源工程系统主要包括城市供电工程系统、城市燃气工程系统以及城市供热工程系统等，以上系统规划主要是从供应侧的角度进行各类负荷的预测及设施的布局，一般是配合城市总体规划开展的各类专项规划。这些专项规划较少涉及可再生能源利用、区域能源系统、建筑节能、能源监管等，较难与绿色生态城区的资源节约目标相适应，因此，亟需对现有的城市规划与建设内容进行基于"开源节流"等绿色生态内容的完善和补充，并将相关内容纳入城市规划和实施计划之中。

"能源综合利用规划"指依据上位规划，遵循"四节一环保（节能、节水、节材、节地和环境保护）"和降低碳排放的原则，结合综合资源规划（IRP）的原理，对所开发区域的能源系统进行策划和规划。

能源综合利用规划应包括能源的现状分析、能源需求分析、建筑节能、可再生能源利用等内容，具体编制可参照但不限于以下内容：

1. 项目概况：应明确能源规划的范围及期限、目标、规划内容、规划路线及规划依据。

2. 现状分析：当地的气候特点（如气温、降雨、风力、太阳能辐射等气候资源现状）、能源结构、能源供应及利用现状、可再生能源资源量等。

3. 能源需求分析：应对规划范围的电力、燃气、热力需求等进行负荷预测，这些负荷（电力负荷、燃气负荷、空调负荷、供暖负荷、生活热水负荷等）是后续能源规划的基础，并应统计出负荷需求总量。

4. 常规能源系统的优化方案：上位规划有关电力、燃气等的规划方案介绍和（或）优化方案。

5. 建筑节能规划：基于建筑用能预测及规划目标对规划范围内不同类型的用地提出合理的节能规划建议。

6. 可再生能源规划：对太阳能生活热水、太阳能光伏发电、太阳能供暖空调、风力发电、地源热泵等进行合理规划，绘制可再生能源规划布局图，确定利用的形式、规模等，并计算可再生能源利用率。

7. 余热、废热等资源利用规划：对余热、废热等资源进行合理规划，绘制余热、废热等资源规划布局图，确定利用的形式、规模等，并计算余热、废热等资源利用率。

8. 其他能源规划建议：如对城区的能源监管、能源展示等进行合理布局。

对于包含工业项目的城区，编制能源综合利用规划时还应结合所在地区经济发展状况、工业类型、相关工业的用能现状等预测其用能需求，并制定相应的能源利用方案。

⊙ 具体评价方式

本条文适用于规划设计、实施运管评价。

规划设计评价查阅项目所在地的能源调查与评估资料、能源综合利用规划及相关的图纸；

实施运管评价查阅城区能源利用实际情况评估报告、相关的发展规划等文件，并现场核查。

7.1.2 应在方案、规划阶段制定城市水资源综合利用规划，实施运管阶段制定用水现状调研、评估和发展规划报告，统筹、综合利用各种水资源。

📄 条文说明扩展

节水与水资源利用是我国绿色建筑体系中的重要组成之一。其主要关注的是"水资源综合利用"。水资源（Water Resources）利用的范围很广，包括：农业灌溉、工业用水、生活用水、水能、航运、港口运输、淡水养殖、城市建设、旅游等。在绿色建筑领域，水资源利用不包含农业灌溉、水能、航运、港口和淡水养殖等，主要指与城市开发建设相关的水资源综合利用。

目前，常规的城市规划体系中，与水资源相关的内容主要包括：自来水取水、自来水管网、污水管网、"城市自来水厂与污水处理厂"和雨水排放方案、规模、管网建设等，较少涉及给排水系统节水与节能、水的再生利用、"海绵城市"建设等，较难与水资源综合利用、水环境保护等绿色生态城区建设目标相适应，因此，亟需对现有的城市规划与建设内容进行基于水资源节约、水污染防治和水环境保护等方面的完善和补充，并将相关内容纳入城市规划和实施计划之中。

"城市水资源综合利用规划"是指在一定范围内，在城市总体规划的框架下，以区域控制性详细规划为依据，在适宜于当地环境与资源条件的前提下，将供水、污水、雨水等统筹安排，以达到高效、低耗、节水、减排、生态目的的系统规划。强调尊重和利用本地自然环境特性，与城市发展相适应，优化配置供水资源，合理开发污水资源，减缓对水资源需求的增长。在确保水安全的前提下，减少城市降雨径流量，涵养地下水，尽可能地收集利用雨水。同时，改善区域环境质量，促进城市以对环境更低冲击的方式进行规划、建设和管理，达到城市与自然和谐共生的目的。

水资源综合利用规划主要包括：城市水资源节约相关技术措施、再生水回用、海绵城市建设与雨水回用等。具体编制内容可参照以下几个方面：

1. 项目所在地水资源量和水环境质量现状陈述，项目概况、市政基础设施概况、气象资料、地质条件等。

2. 国家和相应省市规定的城市节水要求及执行情况。

3. 合理确定用水量标准、编制城区用水量预测计算表。

4. 按城市给水系统、污水收集排放系统、雨水排水系统等几个方面，分别提出基于绿色生态城区建设的，以水资源节约和水环境保护为目标的规划措施。

5. 提出城区雨水和再生水回用方案：对城区雨水、城区再生水等非传统水资源利用的技术经济可行性进行分析，进行水量平衡计算，确定是否进行城区雨水、再生水回用，如果采取上述规划措施，则应明确提出技术方案。

6. 提出"海绵城市建设"目标和实施方案。

⊙ **具体评价方式**

本条文适用于规划设计、实施运管评价。

规划设计阶段查阅水资源综合利用规划及相关的图纸文件，实施运管阶段审查用水现状调研、评估和发展规划报告及相关的运行记录等，并现场核实。

7.1.3 应提交详尽合理的碳排放计算与分析清单，制定分阶段的减排目标和实施方案。

📑 **条文说明扩展**

全球过去200年的发展导致人类目前面对有史以来最大的环境问题：气候变化。2009年的哥本哈根气候变化大会，将全球减排努力的参考目标定位为全球平均气温较工业化前水平升高幅度控制在2℃之内。中国在2015年联合国气候变化巴黎大会上提出了INDC（自主贡献目标）："二氧化碳排放2030年左右达到峰值并争取尽早达峰；单位国内生产总值二氧化碳排放比2005年下降60%~65%，非化石能源占一次能源消费比重达到20%左右，森林蓄积量比2005年增加45亿立方米左右。"[①]2020年习近平主席在第七十五届联合国大会上发表重要讲话强调，中国将提高国家自主贡献力度，采取更加有力的政策和措施，努力争取2060年前实现碳中和。2020年十九届五中全会公报提出，要加快推动绿色低碳发展，持续改善环境质量，提升生态系统质量和稳定性，全面提高资源利用效率。我国政府在《"十三五"控制温室气体排放工作方案》中要求通过进一步优化产业结构和能源结构，推动工业、建筑、交通、公共机构等重点领域节能降耗，控制工业领域排放，增加生态系统碳汇等措施控制温室气体排放。城区大多具有综合性的社会功能，往往都会涉及工业、建筑、交通、公共机构、生态系统等减排增汇重点领域。城区的低碳建设对实现碳达峰、碳中和的总体目标起着至关重要的作用。

城区碳排放计算和分析清单的编制应有清晰的评估边界，一般包含三部分：需求活动和排放源头都发生在城区边界内的（例如交通的化石能源排放），需求活动发生在城区边界内而排放源头发生在城区边界外的（例如部分电力），以及需求活动和排放源头均发生在城区边界外的（例如部分污水及废弃物的处理）。清单的具体编制可参照但不限于以下内容（图7-1）：

1. 建筑碳排放

建筑碳排放根据建筑面积、建筑能耗、建筑能源供应结构计算。不同建筑类型的用能强度和能耗结构有所不同，宜对建筑按不同类型分别进行活动量参数的评估。可以采用确定分类能耗、选取排放因子的流程方法，计算建筑碳排放。建筑能耗包括照明、热水、制冷和供暖等活动的能源消费，活动水平的获得可以参考节能设计的要求或地方同类建筑的能耗统计平均值。

主要参考数据：建筑面积、单位建筑面积能耗、建筑能源结构、可再生能源使用量、各类化石能源排放因子等。

2. 产业碳排放

绿色生态城区的规划建设以第三产业和高新技术产业为主要产业，这部分相关的能耗主要通过公建建筑耗能量显示。工业碳排放主要源头是工业生产耗能和工艺排放。生产耗能通过工业生产产值乘以相关的排放因子计算，建议按产业类型分类计算，工艺排放即工业生产过程排放，是某些原材料在工业生产加工过程中除燃料燃烧之外物理或化学变化造成的温室气体排放，通过工业生产量乘以相关的工艺排放因子。

主要参考数据：各类行业单位增加值能耗、各类行业总增加值、有工艺排放的工业生

新华社. 强化应对气候变化行动——中国国家自主贡献（全文）[EB/OL]. 中国政府网，（2015-06-30）. http://www.gov.cn/xinwen/2015-06/30/content_2887330.htm.

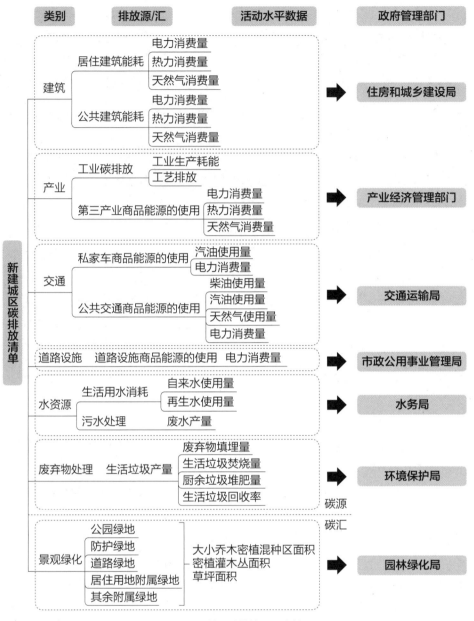

图7-1 城区碳排放因子清单

产量和相关的工艺排放因子等。

3. 交通碳排放

交通碳排放根据绿色生态城区交通总出行量、各出行方式的比例、各种出行方式不同能源的使用比例确定交通板块的总能源消耗，并对能源消耗进行分类汇总，进而选取各能源种类对应的排放因子计算碳排放量。

主要参考数据：交通出行量、各出行方式的年出行量、各出行方式的年出行距离、各出行方式分类能耗量以及各类化石能源排放因子等。

4. 水资源碳排放

水资源碳排放主要考虑市政供水（自来水和中水）和市政污水处理等在排水过程中能源消耗产生的碳排放。

主要参考数据：居住人口人均生活用水定额、公共建筑单位面积综合用水量、给排水市政排放因子、雨水回收量，等等。

5. 废弃物碳排放

废弃物碳排放是根据生活垃圾总量按不同处理方式估算其排放量，其中生活垃圾总量按照居住人口和就业人口及相应的人均垃圾产生量分别计算。

主要参考数据：居住人口、居民人均垃圾产生量、就业人口、就业人员人均垃圾产生量、不同处理方式对应的比例，以及各处理方式的排放因子。

6. 道路设施碳排放

道路设施碳排放主要是针对道路照明能耗的碳排放。

主要参考数据：各级道路长度、各级道路路灯间距、单盏路灯年能耗量及相应能源的排放因子。

7. 绿地碳汇

植被尤其是乔木在生长过程中都是自然生态系统内的碳汇、有固碳功能。当植被生态系统固定的碳量大于植被排放的碳量时，该植被系统就起到了碳汇的作用。

主要参考数据：绿地面积、各类绿地乔木、灌木、草地的覆盖比例、碳汇因子。

8. 可再生能源碳减排

可再生能源使用并不产生碳排放，但可以替代常规的化石能源，有碳减缓的作用。为了突出可再生能源的使用效应和力度，通过对前面各部分中（特别是建筑部分）可再生能源使用量进行整合统计，进而计算城区整体由于可再生能源的使用替代相应的常规能源带来的二氧化碳减碳量，以确定绿色生态城区中可再生能源的贡献。

参考上述清单和相关碳排放因子（表7-1）计算城区碳排放量，在切实把握自身碳排放数据的基础上，根据国家总体的减排目标，制定城区切实可行的分阶段减排目标，根据减排目标选择适合的减排策略，并制定相应的减排方案。

表7-1　城区常见需求活动相关碳排放因子参考
（碳排放因子会随着经济发展和工艺的进步有所变动）

序号	名称		CO_2排放因子	单位	来源
1	火电电力	东北	1.108 2	$tCO_2/MW \cdot h$	《2017年度减排项目中国区域电网基准线排放因子》
		华北	0.968 0	$tCO_2/MW \cdot h$	
		华东	0.804 6	$tCO_2/MW \cdot h$	

续表

序号	名称		CO_2排放因子	单位	来源
1	火电电力	华中	0.901 4	$tCO_2/MW \cdot h$	《2017年度减排项目中国区域电网基准线排放因子》
		西北	0.915 5	$tCO_2/MW \cdot h$	
		南方	0.836 7	$tCO_2/MW \cdot h$	
2	天然气		55.54	tCO_2/TJ	《建筑碳排放计算标准》GB/T 51366—2019
3	汽油		67.91	tCO_2/TJ	
4	柴油		72.59	tCO_2/TJ	
5	给水		0.3	$kgCO_2/m^3$	《中国绿色低碳住区技术评估手册》
6	排水		0.8～1.1	$kgCO_2/m^3$	
7	绿色水处理技术		0.2～0.8	$kgCO_2/m^3$	
8	废弃物填埋		0.357	$kgCO_2/kg$	《省级温室气体清单编制指南》
9	生活垃圾焚烧		0.561	$kgCO_2/kg$	李欢、金宜英等《生活垃圾处理的碳排放和减排策略》
10	厨余垃圾堆肥		0.334	$kgCO_2/kg$	
11	大小乔木密植混种区		−22.5	$kgCO_2/m^2$	《中国绿色低碳住区技术评估手册》
12	密植灌木丛		−5.125	$kgCO_2/m^2$	
13	草坪		−0.02	$kgCO_2/m^2$	

新城和新区建设时应根据规划阶段制定相应的减排目标，并根据清单内容提出具体的减碳实施方案。例如：建筑和产业可以通过提高建筑单体节能率以及增加可再生能源利用等相关措施减少碳排放，交通可以通过提高公共交通系统的出行分担率以及推广新能源汽车等相关措施实现减碳，道路设施可以通过降低路灯照明功率以及控制路灯照明时间等措施减少碳排放，水资源可以通过提高非传统水源利用率和降低生活用水消耗量等相关措施减少碳排放，固废物处理可以通过提高垃圾回收率以及优化垃圾处理方式等措施实现减碳，景观绿化可以通过提高城区乔灌木种植比例等措施减少碳排放。

😀 **具体评价方式**

本条文适用于规划设计、实施运管评价。

规划设计阶段查阅审核城区碳排放清单及计算报告、减排目标规划和减排方案报告。

实施运管阶段审查碳盘查报告，抽样查验减碳策略的落实情况。

7.2 评分项

Ⅰ 能源

7.2.1 城区内实行用能分类分项计量，评价总分值为8分，应按下列规则分别评分并累计：

1 实行用能分类分项计量，且纳入城市（区）能源管理平台，得4分；
2 采用区域能源系统时，对集中供冷或供热实行计量收费，得4分。

▤ 条文说明扩展

　　用能分类计量是指对各类用能包括电力、燃气、燃油、外供热源、外供冷源、可再生能源及其他类用能等安装计量表进行数据采集。用能分项计量是指对同类能耗中的不同用途的用能如照明插座、空调、动力及特殊能耗等安装计量表进行数据采集。对于工业建筑还应考虑分区计量，即按照建筑单体和建筑功能进行分别计量。公共建筑用能计量应符合现行国家相关标准的要求。

　　本条第1款要求对公共建筑、工业建筑和公共设施实施用能分项计量装置的安装，并与城市（区）能耗监测平台联网，以实现能耗实时监测及数据上网传输。能耗监测管理平台的功能包括但不限于：监控城区各用电、用水、燃气、冷热量等支路或设备每日、每周、每月的能耗数据，形成同比、环比分析图，监控城区各用电、用水、冷热量等支路和设备能耗的变化趋势、关键拐点和异常特征。实现城区用电分项能耗数据统计。当设备或系统的用能超过正常用量时，通过显示或声音方式发出异常用电报警信息。数据采集网关设备运行状态异常报警。城区重点用能设备的运行状态实时监测和异常诊断。城区中对用能系统及设备持续节能优化控制。实现面向公众的能源展示和宣传、教育等。

　　第2款对区域能源系统的冷热量计量提出了要求。采用区域能源系统的城区，应对系统提供的集中冷量或热量做好分级计量与记录，同时对终端用户实现按能量计量收费，这样有利于引导用户节能。此外，还应根据区域能源系统的设备选型、性能、运行时间、同时使用系数等因素，对集中供冷或供热的合理收费标准进行详细测算，并严格落实各地块接入集中供冷或供热的路由，以及计量收费设备的安装条件。

⊙ 具体评价方式

　　本条适用于规划设计、实施运管评价。未采用区域能源系统的城区，本条第2款直接得分。

　　规划设计评价查阅能源综合利用规划、相关节能管理文件。涉及区域能源系统的，应查阅区域能源系统的可行性研究报告、设计方案及相关的图纸文件，审查区域能源系统的可行性、合理性，以及分级计量系统在图纸上的落实情况。

实施运管评价查阅城市（区）的能源管理平台的建设和运营评估报告，抽样查验建筑及各类设施的分类分项计量落实情况。涉及区域能源系统的，查阅系统的运行分析报告、计量收费管理文件或合同、计量收费账单或记录等文件，并现场核查系统的运行情况及计量表具的落实情况。

7.2.2 勘查和评估城区内可再生能源的分布及可利用量，合理利用可再生能源，评价总分值为10分。可再生能源利用总量占城区一次能源消耗量的比例达到2.5%，得5分；达到5.0%，得8分；达到7.5%，得10分。

📃 条文说明扩展

本条文的可再生能源主要包括风能、太阳能、小水电、生物质能、地热能和海洋能等，且只包括城区范围内安装和利用的可再生能源，不包括外电网中贡献给城区的可再生能源。

对城区进行可再生能源规划，必须先勘查和评估所在区的资源情况，包括太阳能辐射量、风力资源量、地热能资源、地表水能等，并分析计算城区内可利用的资源量，如可利用的屋顶面积、可利用的太阳能辐射资源量等，并基于资源评估、能源供需规律等，确定合理的可再生能源综合利用规划。

可再生能源利用率的计算公式如下：

$$可再生能源利用率 = \frac{可再生能源利用总量（tce）}{城区一次能源消耗总量（tce）} \times 100\%$$

城区可再生能源利用总量是指城区内年度利用的各种可再生能源（如太阳能生活热水、太阳能光伏发电、地源热泵、风力发电等）折算成的一次能源消耗量的总和，单位是吨标煤。计算可再生能源利用率时，需分类型列出可再生能源的利用量，然后折算成一次能源消耗：

对于可再生能源提供生活热水（如太阳能生活热水），对采用该系统的每栋项目进行单独核算，以全年为周期，计算得到可再生能源提供生活热水的加热量Q_{wi}，然后将所有应用该系统的项目的Q_w累加得到$\sum Q_w$，最后再按照1kgce=29.3MJ的换算方式将热量折算成标煤，即可得到可再生能源提供生活热水折算成一次能源消耗量。

对于可再生能源发电系统（如太阳能光伏发电、风力发电系统等），对采用该系统的每个项目进行单独核算，以全年为周期，计算得到可再生能源发电量Q_{ei}，然后将所有应用该系统的项目的Q_e累加得到$\sum Q_e$，最后再按照1kWh=0.288kgce的换算方式折算成标煤，即可得到可再生能源发电量折算成一次能源消耗量。

对于可再生能源提供的空调用冷/用冷量（土壤源热泵系统、地表水源热泵系统等），前提条件是：地源、污水源等热泵系统综合COP满足冬季不小于2.6，夏季不小于3.0，空气源热泵系统IPLV（C）不小于3.3。对于超过前提条件规定COP限值的部分，对采用该系统的每栋建筑进行单独核算，以全年为周期，计算得到夏季供冷量Q_{ci}和冬季供热量Q_{hi}，然后将所有应用该系统的建筑的Q_{ci}和Q_{hi}累加得到$\sum Q_c$和$\sum Q_h$，最后再按照1kgce=29.3MJ的换算方式将冷热量折算成标煤，即可得到可再生能源提供空调供冷供热量折算成一次能源消耗量。

"城区一次能源消耗总量"是指城区内消耗的各种能源折算成一次能源消耗量的总和，主要包括民用建筑、市政设施消耗的各种能源，如电力、燃气、油等，单位是吨标煤，不包含人员采用公共交通、轨道交通及汽车等交通出行的能耗及工业能耗。

对于各种能源的一次能源折算系数可以参考国家或地方的相关统计数据。

具体评价方式

本条文适用于规划设计评价、实施运管评价。

规划设计评价查阅项目所在地的能源调查与评估资料（包括太阳能辐射量、风力资源量、地热能资源，并分析计算城区内可利用的资源量，如可利用的屋顶面积、可利用的太阳能辐射资源量等）、能源综合利用规划（应包括各类可再生能源的利用形式及规模，并绘制可再生能源利用规划布局图）。

实施运管评价查阅城区能源综合利用实施评估报告、相关的管理文件，并抽样查验可再生能源利用情况。

7.2.3 合理利用余热废热资源，评价总分值为6分，应按下列规则评分：

1 利用余热、废热，组成能源梯级利用系统，得6分；
2 采用以供冷、供热为主的天然气热电冷联供系统时，系统的一次能源效率不低于150%，得6分。

条文说明扩展

本条文第1款鼓励城区层面利用余热废热资源，单栋建筑层面的余热废热利用不得分。对于有稳定热需求的项目（住宅、酒店或工厂）而言，用自备锅炉房满足蒸汽或生活热水需求，不仅可能对环境造成较大污染，而且其能源转换和利用也不符合"高质高用"的原则，在靠近热电厂、工厂等余热、废热丰富的地域，鼓励规模化利用其余热废热作为生活热水或供暖系统的热源或预热源，这样做可降低能源消耗，而且也能提高生活热水系统的用能效率。

本条第2款提出了采用天然气分布式能源系统的要求。分布式热电冷联供系统为区域提供电力、供冷、供热（包括热水）三种需求，实现能源梯级利用。在应用分布式热电冷联供技术时，必须进行科学论证，从负荷预测、系统配置、运行模式、经济和环保效益等多方面对方案进行可行性分析，系统设计满足相关标准的要求。分布式热电冷联供系统的一次能源效率计算见图7-2。

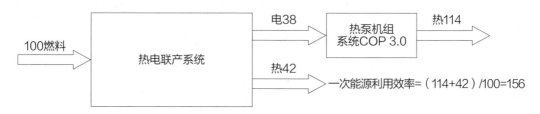

图7-2　分布式热电冷联供系统的一次能源效率计算

💬 具体评价方式

本条文适用于规划设计、实施运管评价。对于第1款，单个地块利用余热废热资源的情况，本款不得分，至少覆盖两个街坊且集中利用余热废热资源本款才可得分。对于第2款，本条的指标要求为：分布式热电冷联供系统覆盖的公共建筑面积比例不少于总的公共建筑面积的20%，一次能源利用效率不低于150%。

规划设计评价查阅能源综合利用规划、余热废热利用系统或天然气热电冷联供系统可行性研究报告、设计方案及相关的图纸文件，审查其中能源系统的应用范围、规模、系统配置、系统效率等，以及能源站的位置及用地面积等。

实施运管评价查阅相关区域能源系统的运行记录、运行评估报告等，并现场核查。

7.2.4 城区内新建建筑的设计能耗比国家现行节能设计标准规定值或现行国家标准《民用建筑能耗标准》GB/T 51161中约束性指标低10%以上，评价总分值为10分。设计能耗降低10%的新建建筑面积比例达到25%，得5分；达到50%，得7分；达到75%，得10分。

📋 条文说明扩展

目前有国家标准《公共建筑节能设计标准》GB 50189、行业标准《严寒和寒冷地区居住建筑节能设计标准》JGJ 26、《夏热冬冷地区居住建筑节能设计标准》JGJ 134、《夏热冬暖地区居住建筑节能设计标准》JGJ 75等相关的节能设计标准，分别对严寒地区、寒冷地区、夏热冬冷地区及夏热冬暖地区的新建建筑提出了围护结构热工性能、供暖空调系统性能等方面的节能设计要求。很多省市也制定了适合自身特点的地方节能设计标准，如上海、北京、江苏等地均有自己的节能设计标准。

为了实现绿色生态要求，应对城区内的建筑提出高标准的节能要求。由于城区内可能存在或多或少的既有建筑，其中大部分既有建筑达不到现行节能设计标准的要求，因此很难对其提出更高的节能设计要求，故本条仅对城区内的新建建筑作出规定，鼓励新建建筑在设计时执行更高的标准。

规划设计评价采用新建建筑能耗比节能设计标准规定值降低10%以上方式进行评价；实施运管评价采用新建建筑能耗比相关能耗标准中的约束性指标降低10%以上方式进行评价。具体评价方法如下：

1. 规划设计评价关注的是设计能耗降低，设计能耗降低10%的基准是现行的国家标准或行业标准。

有的地方标准的节能设计要求比国家标准更高，比如天津、北京等地区提出了建筑设计节能75%的要求。如果再对其提出设计能耗降低10%的要求，则一方面会造成节能成本的过分增加，另一方面也会因很难做到从而导致无法实施，考虑到标准的普适性，故本条作出以国家或行业标准为基准的规定。

建筑的设计能耗是指采用国家或行业认可的能耗分析工具，其他条件不变（建筑的外形、内部的功能分区、气象参数、建筑运行时间表、室内供暖空调设计参数、供暖空调系统的运行时间表、照明和动力设备的运行时间表等），按照国家或行业建筑节能设计标准规定的围护结构热工性能参数（如外墙和屋面的传热系数、外窗幕墙的传热系数和遮阳系数）、供暖空调系统性能（冷热源能效、输配系统和末端方式等）、照明系统性能进行计算得到的能耗值。设计能耗比国家现行节能设计标准规定值降低10%是指通过提高围护结构热工性能、供暖空调系统性能、照明系统性能从而使建筑的设计能耗降低10%以上。

2. 实施运管评价关注的是实际运行能耗，实际运行能耗降低10%的基准是国家标准《民用建筑能耗标准》GB/T 51161规定的约束性指标值，即要对城区内的建筑能耗进行统计，并要求一定比例建筑的能耗在约束性指标值的基础上再降低10%。对于北京、上海、深圳等地来说，如果编制了建筑的合理用能指南，则比较的基准鼓励采用当地的用能指南规定的相关指标。

😊 具体评价方式

本条文适用于规划设计、实施运管评价。

规划设计评价查阅控制性详细规划文件、能源综合利用规划等文件，审查其中新建建筑节能规划布局以及各个地块的绿色生态控制指标表。

实施运管评价查阅城区的相关节能管理文件、能耗统计报告，并抽样查验新建建筑节能设计落实情况。

7.2.5 市政基础设施采用高效的系统和设备的比例达到80%，评价总分值为7分，应按下列规则分别评分并累计：

1 道路照明、景观照明、交通信号灯等采用高效灯具的比例达到80%，得4分；
2 市政给排水的水泵及相关设备等采用高效设备的比例达到80%，得3分。

📋 **条文说明扩展**

城区内除了建筑、工业的能源消耗外，市政公用设施系统的能源消耗所占比重也不小，如市政给排水的水泵（市政给水泵、污水泵、雨水泵等）及相关设备、交通信号灯、道路照明、景观照明等。目前市场上有很多节能产品，如LED灯具、节能型水泵等，绿色生态城区应鼓励采用高效节能的系统和设备。对于行业内有能效标识的产品，应采用节能等级的产品。如市政照明灯具应满足现行国家标准《道路和隧道照明用LED灯能效限定值及能效等级》GB 37478等的节能评价值的要求，水泵、风机等设备应满足现行国家标准《清水离心泵能效限定值及节能评价值》GB 19762、《通风机能效限定值及能效等级》GB 19761的节能评价值要求。

💬 **具体评价方式**

本条文适用于规划设计、实施运管评价。评价时，对于第1款，要求道路照明、景观照明采用高效灯具的比例均达到80%，只是其中一种采用节能等级灯具本条不得分；对于第2款，应急设备（如消防水泵、潜水泵等）不纳入统计计算范围。

规划设计评价查阅能源综合利用规划，审查其中对道路照明灯、景观照明及水泵等设施的节能性指标要求及相关措施。

实施运管评价查阅市政照明灯具、交通信号灯及水泵等设施的竣工资料、设施设备的工程材料清单、运行记录等，并现场核查。

II 水资源

7.2.6 城区居民生活用水量不高于现行国家标准《城市居民生活用水量标准》GB/T 50331中的上限值与下限值的平均值，评价分值为5分。

📋 **条文说明扩展**

2012年11月发布的国家标准《城市居民生活用水量标准》GB/T 50331规定：城市居民生活用水指使用公共供水设施或自建供水设施的城市居民家庭日常生活的用水，日用水量指每个居民每日平均生活用水量的标准值。影响居民生活用水量的因素很多，除了在《城市居民生活用水量标准》GB/T 50331中考虑的地域、气候等因素之外，合理确定城区生活用水量和使用人数也很重要。本标准以年为统计单位，以当地市政自来水居民生活供水量与自备供水设施居民生活供水量之和作为生活用水总量；以城区人口近3年当地政府发布的本地人口和外来常住人口之和的平均值为评价人口，计算出城区人均居民生活用水量之后，再与《城市居民生活用水量标准》GB/T 50331对比，不高于当地上限值与下限值的平均值者得分。

⊙ 具体评价方式

本条文设计阶段不参评。

运行管理阶段应提交经当地供水部门认可的市政自来水居民生活供水量或自备供水设施居民生活供水量，并提交近3年人口计算表。计算内容可包含在"用水现状调研、评估和发展规划报告"之中，也可单独提交计算报告。如果无法提供城区范围的上述资料，可以参照上一层级的资料参评，例如：可采用服务这一城区的自来水厂服务范围或整个城市的相关资料参评。

7.2.7 采取有效措施降低供水管网漏损率，评价分值为5分，应按下列规则评分：

1 城区供水管网漏损率不大于8%或低于《城镇供水管网漏损控制及评定标准》CJJ 92规定的修正值，得3分；

2 城区供水管网漏损率不大于7%或低于《城镇供水管网漏损控制及评定标准》CJJ 92规定的修正值1%，得4分；

3 城区供水管网漏损率不大于6%或低于《城镇供水管网漏损控制及评定标准》CJJ 92规定的修正值2%及以上，得5分。

▤ 条文说明扩展

《2020—2026年中国城市供水行业市场运行态势及未来发展前景报告》数据显示：近年来，中国城市供水总量不断上涨，用水普及率较高；2018年中国城市供水总量约为614.6亿m³，用水普及率达到98.4%；2019年城市供水总量约为632.9亿m³，用水普及率约为98.6%。依据曹徐齐、阮辰吹发表在《净水技术》2017年36（4）期的论文《全球主要城市供水管网漏损率调研结果汇编》中介绍，根据我国654个城市数据统计，我国城市供水管网漏损率平均在15.7%左右，是水资源隐形浪费的主要构成之一。住房和城乡建设部在2018年发布公告，经局部修订的《城镇供水管网漏损控制及评定标准》CJJ

92—2016已于2019年2月1日起实施，其中将"漏损率"和"漏失率"的定义修订为"综合漏损率"和"漏损率"，明确漏损率为评定指标。漏损率按两级评定，一级为10%，二级为12%，城市供水管网基本漏损率定为12%，各城市管网漏损率的评价方法是在基本漏损率的基础上进行修订后得出。总修正值包括居民抄表到户水量修正值、单位供水量管长的修正值、年平均出厂压力的修正值和最大冻土深度的修正值。2019年7月国家发展改革委办公厅、水利部办公厅印发《〈国家节水行动方案〉分工方案的通知》（发改办环资〔2019〕754号）中明确提出"全国公共供水管网漏损率控制在10%以内"，[①]鉴于此，本条在赋分时考虑到绿色生态城区面积远小于城市面积等有利因素，适当体现先进性，按8%或者低于《城镇供水管网漏损控制及评定标准》CJJ 92规定的修正值作为起步得分。

在实际评价中，还应考虑以下4个技术方面的影响因素：①新开发区域与老城区的不同；②现有城镇管网的状况不同；③城镇供水管网的管理水平；④计量设备的先进性；⑤二次增压供水系统的模式等。

⊙ 具体评价方式

本条文适用于规划设计、实施运管评价。

本条文评价的关键是明确城区管网漏损率的数值。规划设计阶段应提交水资源综合利用规划，并在规划中包含降低管网漏损率的内容和指标值，也就是"目标管网漏损率"，并有相应的规划措施，以"目标管网漏损率"评判得分。实施运管阶段则需直接提交由当地供水部门确认的实际管网漏损率。如果区域范围内自来水供应不是独立管网系统，当地供水部门无法提供参评区域的管网漏损率，有两种方式可供选择：①按符合《城镇供水管网漏损控制及评定标准》CJJ 92的水平衡计算要求的分项计量数据计算得出，其分项计量数据应由当地供水部门提供，或得到当地供水部门确认；②审查时按区域依托地市自来水管网"平均漏损率"评价，并应提供相关证明材料。

7.2.8 合理建设市政再生水供水系统，评价总分值为6分。再生水供水能力和与之配套的再生水供水管网覆盖率均达到20%，得3分；达到30%，得6分。

目 条文说明扩展

再生水指经过使用的生活污水，回收处理后达到城市再生水回用水质标准，可以用于冲厕、绿化、浇洒等用途的非饮用水。这一过程也称为污水资源化。

根据我国部分地区公开发布的多年水资源公报统计分析，我国各省市自治区人均本地

---

① 国家发展改革办公厅 水利部办公厅印发《〈国家节水行动方案〉分工方案》的通知[EB/OL]. 全国节水办公室，（2019-07-03）[2019-07-05]. http://qgjsb.mwr.gov.cn/tzgg/201907/t20190710_1345245.html.

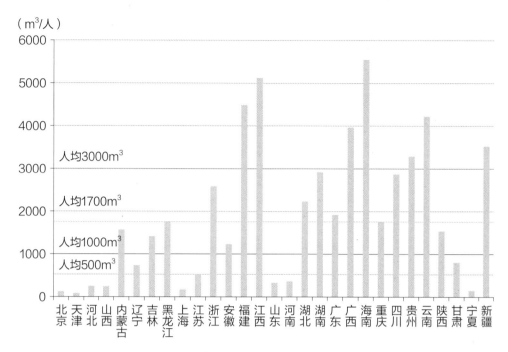

图7-3 我国各省市自治区人均水资源量

水资源量见图7-3。图中可以看出，我国大部分地区，尤其是经济发达的地区，人均水资源量小于1 000m³，属于水资源紧缺。

"污水再生回用"对于缓解我国水资源短缺状况、促进水资源优化配置、减少污染物排放尤为重要。再生水原水具有水量大、水质稳定、受季节和气候影响小等优势，是一种宝贵的水资源。近年来，我国城市污水处理能力不断增长。住房和城乡建设部《关于全国城镇污水处理设施2017年上半年建设和运行情况的通报》显示：截至2017年7月，全国城市、县累计建成城镇污水处理厂4013座，污水处理能力约1.78亿m³/日，其中全国设市城市建成运行污水处理厂2327座，形成污水处理能力1.48亿m³/日；全国1470个县城建有污水处理厂，占县城总数的94.2%，建成运行污水处理厂1736座，形成污水处理能力0.31亿m³/日。尽管在城市污水处理总量控制方面取得了长足的进步，但是，我国再生水回用率还很低，基本处于起步阶段。

城市污水再生系统关系到上游的水资源利用和下游的水环境保护，在缺水地区应以最大限度开发利用水资源为导向，在水资源相对丰富地区应以减少排污降低环境污染为导向。在我国水资源形势紧张和水环境污染的双重压力下，城市污水再生利用具有广泛的适应性和应用前景，污水再生利用应当及时纳入城市污水工程规划并反馈给城市供水规划，形成城市水资源综合性规划以期达到节水减排以及合理节约基础设施建设成本的目的。

2015年国务院出台的《国家水污染防治行动计划》（简称"水十条"）规定："到2020

年，缺水城市再生水利用率应达到20%以上，京津冀区域应达到30%以上。"①《国家节水型城市申报与考核办法》中也明确规定，城市非常规水资源利用率不小于20%。

借鉴发达国家的经验，建设城市再生水处理厂和"双管供水"系统是城市节水减排的重要技术措施。"再生水处理厂"宜由政府为主体建设，再生水管网和自来水管网同步敷设和管理，可以保障再生水供应的水量、水压和水质，同时，有利于增强大众使用再生水的信心。因此，鼓励建设城区市政再生水系统。

市政再生水系统设计建设时，必须严格保障其用水安全可靠，采取切实可靠的防止误接误饮措施。应在管材外壁上连续喷涂"再生水"字样，不得直接在管网上安装配水龙头，且防止误接误饮措施不限于以上两种。

条文中"再生水供水能力和与之配套的再生水供水管网覆盖率均达到20%"的含义是：按照城区生活污水100%得到再生利用为计算基准值，规划设计阶段提交的再生水厂产水能力达到20%，相应的再生水管网设计满足相应处理能力的配水需求。实施运管阶段已经建设完成投入使用的再生水厂的生产能力达到20%，而且配套建设了再生水供水管网。二者不一致时按较低值评分。

💬 具体评价方式

本条文适用于规划设计、实施运管评价。

规划设计阶段审查城区市政再生水管网规划和配套设计的城区再生水处理厂相关图纸或其他证明材料，实施运管阶段审查城区市政再生水管网现状图和再生水处理厂竣工文件，并现场察看。

本条文评价的难点在于服务于城区的再生水处理厂可能不在城区规划范围内，这种情况下提交的市政再生水管网规划和配套设计的城区再生水处理厂相关图纸或证明材料需指明城区所处范围，明确城区在该再生水供水服务区域内。

📑 案例

常州高铁新城（重点区）再生水利用方案

常州高铁新城是常州市新北区重点打造的新城区中心，总用地面积约56km²，重点区1.6km²，范围北起红河路、南达沪蓉高速、西至乐山路、东达长江路，属于高铁站前新龙湖环湖板块，重点区区位范围及用地布局见图7-4。

计划将再生水用于绿化、道路冲洗、冲厕等，重点区再生水预测用水量及水量平衡见图7-5。

方案提出以区域污水源热泵能源站（以下简称"能源站"）出水为再生水原水，建立再生水供水泵站，经深度处理后作为杂用水在本区域使用，见图7-6。

---

① 国务院. 国务院关于印发水污染防治行动计划的通知（国发〔2015〕17号）[EB/OL]. 中国政府网，（2015-04-20）[2015-04-16]. http://www.gov.cn/zhengce/content/2015-04/16/content_9613.htm.

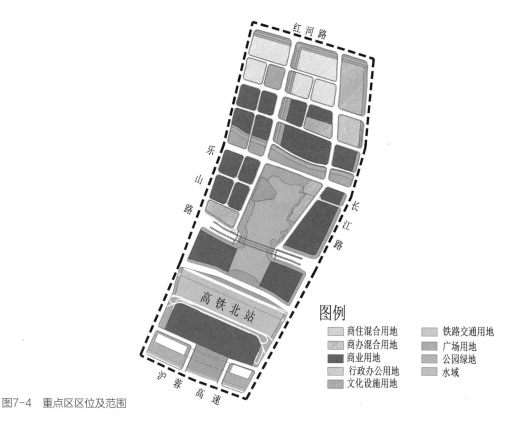

图7-4　重点区区位及范围

图7-5　预测再生水用量及水量平衡

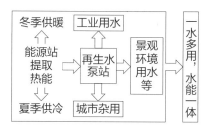

图7-6　利用能源站原水的再生水方案示意

　　为了明确再生水供水水质要求，项目进行了对比分析。结果表明：该污水处理厂出水水质达到一级A标准，与地表水环境质量标准对比，除TN指标外，其余指标基本达到地表水环境质量标准Ⅳ类；用于冲厕等杂用的回用水水质、除大肠菌群数指标超标，其余5项指标基本符合要求；与城市景观环境用水对象水质标准对比，除粪大肠菌群数指标超标，其余9项指标基本符合要求；与工业用水对象水质标准对比，9项基本控制指标符合要

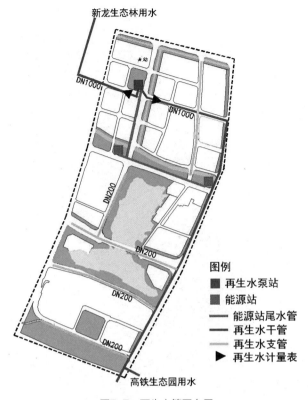

图7-7　再生水管网布局

求；与农田灌溉用水水质标准对比，7项基本控制指标符合要求。因此，基于再生水用途提出采用以强化消毒为主的水处理方案。重点区再生水管网布置见图7-7。

方案如果按计划实施可获得较好的环境效益：与污水处理厂二级处理出水直接排放相比，每年减少的污染物排放指标见表7-2，环境效益显著。

表7-2　使用再生水后减排指标

项目	再生水年用水量（万m³/年）	COD减排量（t/年）	氨氮减排量（t/年）	总氮减排量（t/年）	总磷减排量（t/年）	污水减排率（%）	再生水利用率（%）
指标	14.0	7.73	0.77	2.32	0.08	9.4	6.6

7.2.9 合理利用非传统水源，评价分值为8分。利用率达到5%，得5分；达到8%，得8分。

📖 **条文说明扩展**

本条文适用于规划设计、实施运管评价。

非传统水源利用率指采用再生水、雨水等非传统水源代替市政供水供给景观、绿化、冲厕等作为非饮用水使用的水量占总用水量的百分比。

一般情况下，非传统水源利用评价包括收集系统、处理系统和回用系统三个方面。收集系统应明确原水收集范围，进行水量平衡计算；处理系统涉及执行的水质标准和处理工艺，宜进行技术经济可行性分析；回用系统需在满足水量、水质要求的基础上，提出确保供水安全的实施方案。

计算时可分类计算后再汇总。

非传统水源利用率可通过下列公式计算：

$$R_u = \frac{W_u}{W_t} \times 100\%$$

$$W_u = W_R + W_r + W_s + W_o$$

式中　R_u——非传统水源利用率，%；

　　　W_u——非传统水源设计使用量（规划设计阶段）或实际使用量（实施运管阶段），m^3/年；

　　　W_R——再生水设计利用量（规划设计阶段）或实际利用量（实施运管阶段），m^3/年；

　　　W_r——雨水设计利用量（规划设计阶段）或实际利用量（实施运管阶段），m^3/年；

　　　W_s——海水设计利用量（规划设计阶段）或实际利用量（实施运管阶段），m^3/年；

　　　W_o——其他非传统水源利用量（规划设计阶段）或实际利用量（实施运管阶段），m^3/年；

　　　W_t——设计用水总量（规划设计阶段）或实际用水总量（实施运管阶段），m^3/年。

⊙ **具体评价方式**

本条文适用于规划设计、实施运管评价。

规划设计阶段审查水资源综合利用规划，其中应包含各种非传统水源利用率的计算数据，并与提交的设计文件相对应；实施运管阶段审查"用水现状调研、评估和发展规划报告"，并现场核查相关自来水和再生水计量台账或相应证明文件。

7.2.10　合理采用绿色建材和本地建材，评价总分值不超过6分，应按下列规则分别评分并累计：

1　获得评价标识的绿色建材的使用比例达到5%，得3分；达到10%，得4分；

2　使用本地生产的建筑材料达到60%，得2分。

📋 条文说明扩展

绿色生态城区建设和运管鼓励采用对环境影响小的绿色建材，以减少对天然材料资源的消耗，并减少材料资源开发活动对生态环境的破坏。住房和城乡建设部等七部委2020年7月发布的《绿色建筑创建行动方案》（建标〔2020〕65号）中，明确要求"绿色建材应用进一步扩大"，各地制定绿色建材推广应用政策措施，推动政府投资工程率先采用绿色建材，逐步提高城镇新建建筑中绿色建材应用比例。

按住房城乡建设部、工业和信息化部出台的《绿色建材评价标识管理办法》（建科〔2014〕75号）要求，绿色建材是指在全生命期内可减少对天然资源消耗和减轻对生态环境影响，具有"节能、减排、安全、便利和可循环"特征的建材产品，各类建材产品需按照绿色建材内涵和生产使用特性，执行《绿色建材评价技术导则（试行）》（第一版）（建科〔2015〕162号）的相关技术规定。各地已依据绿色建材评价技术要求，对申请开展评价的建材产品进行评价，确认其等级（一星级、二星级和三星级）并进行信息性标识，已获得的绿色建材评价标识信息可在"全国绿色建材评价标识管理信息平台"中进行公开查询。

对于参评城区所使用的获得评价标识的绿色建材可按主体结构（预拌混凝土、预拌砂浆）、围护结构（围护墙、内隔墙）、装修材料（外墙、内墙、顶棚和地面等装饰面的涂料、面砖、壁纸、吊顶等）及其他（保温、防水、密封、洁具、管材、光伏组件等材料）等种类分类统计使用量，并分别计算其在所属类别中所占比例，求和后取算术平均数得到本条第1款中所要求的比例。

建材本地化是减少建材运输过程资源和能源消耗、降低环境污染的重要手段之一。本条第2款依据《绿色建筑评价标准》GB/T 50378—2019中7.1.10的相关规定说明，鼓励使用本地生产的建筑材料（包括土建工程材料、市政工程材料和道路材料），提高就地取材制成的建筑材料产品所占的比例，要求城区建设过程中所用建筑材料中使用500km范围内生产的建筑材料总重量的比例不小于60%。

💬 具体评价方式

本条文适用于规划设计、实施运管评价。

规划设计阶段：审查政策文件和设计文件，计算并现场询问。

实施运管阶段：审查已完工项目的决算清单，核查和计算绿色建材、本地建材的使用比例，并现场抽查。

7.2.11 对再生资源进行回收利用，主要再生资源回收利用率达到 70%，评价分值为3分。

📋 条文说明扩展

垃圾是放错了位置的"资源"，城区需建立有效的再生资源回收利用体系（或可被该体系覆盖），以减少城区固体废弃物的产生和排放。

在城区的建设和运管过程中，废钢、废有色金属、废纸、废塑料、废旧纺织品、废旧木材、废旧轮胎、废矿物油、废弃电器电子产品、报废汽车等都属于可回收利用的再生资源。根据《循环发展引领行动》（发改环资〔2017〕751号）的要求，我国主要再生资源回收率在2020年应达到82%，因此本条款规定为达到80%可得3分。

再生资源回收利用率计算方法如下：

$$RR=\sum \frac{(\frac{E_1}{R_1}+\frac{E_2}{R_2}+\frac{E_3}{R_3}\cdots+\frac{E_n}{R_n})}{n}\times100\%$$

式中　　　　RR——再生资源回收利用率；

$R_1, R_2, R_3, \cdots, R_n$——该城区说明文件中所定义的第 n 种再生资源估算产生量；

$E_1, E_2, E_3, \cdots, E_n$——该城区统计的已回收利用的第 n 种再生资源量。

💬 具体评价方式

本条文适用于规划设计、实施运管评价。

规划设计阶段：审查城区（或上一级行政区域）再生资源回收利用体系说明文件，包括设施规划、政策文件等，计算并现场询问。

实施运管阶段：审查再生资源回收利用设施、机构、企业等提供的入库、生产台账等，现场抽查再生资源回收利用情况。

7.2.12 城区实施生活垃圾和建筑垃圾回收利用，评价总分值为6分，应按下列规则分别评分并累计：

1　生活垃圾回收利用率达到35%，得3分；

2　建筑垃圾管理规范化，回收利用率达到30%，得3分。

📋 条文说明扩展

生活垃圾和建筑垃圾是城市发展中两类主要的固体废弃物。鼓励对固体废弃物的回收利用，可以减少城区建设和运管过程中因废弃物排放对环境质量的影响，并减少对天然材料资源的消耗。

生活垃圾的处理处置一直是各地城市管理中的工作重点。关于生活垃圾的分类管理，在本标准5.2.12条款中已有说明。根据《循环发展引领行动》（发改环资〔2017〕751号）的要求，城市典型废弃物资源化利用水平显著提高，生活垃圾分类和再生资源回收实现有效衔接；《生活垃圾分类制度实施方案》（国办发〔2017〕26号）规定到2020年底，在实施生活垃圾强制分类的城市，生活垃圾回收利用率达到35%以上。

生活垃圾回收利用率的计算可以包括两个方面：一是经过分类后纳入城区再生资源回收利用体系处理的生活垃圾；二是采用物质利用和能量利用的方式对生活垃圾进行处理的，例如垃圾焚烧发电、厨余垃圾回收堆肥等，可为城区运管提供新型能源和资源，促进生活垃圾的减量化、无害化目标的实现，属于资源化利用，亦可将其计入生活垃圾回收利用率的计算。

建筑垃圾是指在新建、改建、扩建和拆除各类房屋建筑和市政基础设施工程过程中，产生的弃土、弃料及其他废弃物，按其来源可分为工程渣土、工程泥浆、工程垃圾、拆除垃圾、装修垃圾等。在实际评价中，建筑垃圾与建筑废弃物这两个术语可通用。随着我国城镇化快速发展，建筑垃圾大量产生，根据有关行业协会测算，我国城市建筑垃圾年产生量超过20亿t，是生活垃圾产生量的10倍左右，约占城市固体废物总量的40%。目前我国建筑垃圾主要采取外运、填埋和露天堆放等方式处理，不但占用大量土地资源，还产生有害成分和气体，造成地下水、土壤和空气污染，危害生态环境和人民健康。

2020年9月1日实施的《中华人民共和国固体废物污染环境防治法》中明确要求政府建立建筑垃圾分类处理制度，制定包括源头减量、分类处理、消纳设施和场所布局及建设等在内的防治工作规划，鼓励采用先进技术、工艺、设备和管理措施，推进建筑垃圾源头减量，建立建筑垃圾回收利用体系等。

建筑垃圾管理规范化，具体可细分为：在规划设计阶段，城区或上一级行政区域应制定建筑垃圾规范化管理文件或资源化方案。在实施运管阶段，对建筑垃圾的产生、收集、运输、储存、处置、利用实行全过程控制，实现容器化存放、专业化运输。城区内需拆除的废弃建筑或部分构筑物应实施绿色拆除，并分类资源化利用；建设工程施工过程中的建筑垃圾实现减量化，符合绿色施工标准要求；装修垃圾实现与生活垃圾分开收集、储运，进入无害化或资源化处理厂站。

建筑垃圾回收利用率指建筑垃圾直接回用和资源化再生的数量占各类总产生量的百分比，亦即指建筑施工、建筑拆除、建筑装修等环节所产生的建筑垃圾经过回收利用后的利用效率或比例，可综合体现一个城市的建筑垃圾管理工作的成效。国家发展改革委在资源综合利用指导意见中要求在2015年全国大中城市建筑废物利用率应该提高到30%，在《循环发展引领行动》中要求加快建筑垃圾资源化利用，将建筑垃圾生产的建材产品纳入新型墙材推广目录，把建筑垃圾资源化利用的要求列入绿色建筑、生态建筑评价体系，到2020年，（全部）城市建筑垃圾资源化处理率达到13%。因此，本条第2款综合相关文件的要求，取高值规定城区建筑垃圾回收利用率达30%以上可以得分。

💬 **具体评价方式**

本条文适用于规划设计、实施运管评价。

规划设计阶段：审查各类固体废弃物管理文件和资源化规划方案，并计算。

实施运管阶段：审查生活垃圾和建筑垃圾管理机构和回收利用单位所提供的入库、生产台账等，现场抽查回收利用和设施运转情况。

7.2.13 城区专设组织机构及人员负责管理节能减排工作，有效执行绿色低碳节能减排的管理规定，有明确的减排政策，评价分值为10分。

📋 **条文说明扩展**

《"十三五"控制温室气体排放工作方案》中提出要建立应对气候变化法律法规和标准体系，健全温室气体排放的统计核算、评价考核和责任追究制度，深化低碳试点示范，加强减污减碳协同作用，提升公众低碳意识。碳减排不能仅仅依靠技术、设备等硬件措施，还需要管理机构设置与管理模式的支持，构建长期的制度保障，形成稳定的工作机制，促进减排策略的与时俱进，培养城区的低碳氛围。

设置专门的组织机构及人员，负责管理节能减排工作。建立碳排放评估和监管机制，针对碳排放重点领域、重点单位、重点设施，鼓励推行碳排放报告、第三方盘查制度和目标预警机制，制定有针对性的碳排放管控措施；进行城区碳排放统计核算，建立城区碳排放统计调查制度和碳排放信息管理平台，综合采用统计数据、动态监测、抽样调查等手段，组织开展统计核算工作；负责审核实施有关节能项目，组织开展节能成果的技术推广；组织开展节能减排宣传、培训、推广，增强城区居民的节能减排意识。

制定节能减排相关的地方法令或节能减排激励政策，以政策、规划、标准等手段规范市场主体行为，综合运用价格、财税、金融等经济手段，发挥有利于节能减排的整体环境，协调低碳生态城区建设。

本条的评价目的是保障减碳技术措施的落实，促进城区碳减排工作的可持续发展。

💬 **具体评价方式**

本条适用于规划设计、实施运管评价。

规划设计阶段审查城区节能减排相关组织机构的建立情况、查阅相关的管理文件与制度以及正式出台的促进城区减排的相关文件。

实施运营阶段核实落实情况，审查城区节能减排相关组织机构的相关工作报告。

7.2.14 城区单位GDP碳排放量、人均碳排放量和单位地区面积碳排放 量等三个指标达到所在地和城区的减碳目标，评价分值为10分。

📋 条文说明扩展

本标准控制项第7.1.3对城区碳排放清单的编制，碳排放量的计算，分阶段的减排目标和实施方案的制定作了相应的要求，本条在第7.1.3控制项基础上对减碳目标的衡量指标做出了进一步的要求。

中国在2015年联合国气候变化巴黎大会上提出二氧化碳排放在2030年左右达到峰值并争取尽早达峰。2020年习近平主席在第七十五届联合国大会一般性辩论上发表重要讲话强调，中国将提高国家自主贡献力度，努力争取2060年前实现碳中和。城区单位GDP的碳排放量，即城区产生万元GDP排放的二氧化碳数量，评价的是生产系统的碳排放强度，是重要的碳排放衡量指标之一。《"十三五"控制温室气体排放工作方案》中对各省市的碳排放强度控制目标提出了明确要求："十三五"期间，北京、天津、河北、上海、江苏、浙江、山东、广东碳排放强度分别下降20.5%，福建、江西、河南、湖北、重庆、四川分别下降19.5%，山西、辽宁、吉林、安徽、湖南、贵州、云南、陕西分别下降18%，内蒙古、黑龙江、广西、甘肃、宁夏分别下降17%，海南、西藏、青海、新疆分别下降12%。

城区人均碳排放量，即城区碳排放总量除以人口数量，评价的是城区人均碳排放水平的高低。

城区单位地区面积碳排放量，即城区碳排放总量除以城区用地面积，评价的是城区用地的平均碳排放程度。

本条要求城区单位GDP碳排放量、人均碳排放量和单位地区面积碳排放量三个指标达到所在地和城区减碳目标的要求。

💬 具体评价方式

本条文适用于规划设计、实施运管评价。

规划设计阶段查阅审核城区碳排放清单及计算报告、减排目标规划和减排方案报告。

实施运管阶段审查碳盘查报告，抽样查验减碳策略的落实情况。

绿色交通

8

交通是城市大系统的重要组成部分，承载着为城市生产生活提供便利出行条件的功能，也是城市发展的生命线。近些年来，伴随着我国工业化和城市化的快速推进，出现了空气污染、资源短缺、能源紧张等城市病，其中，城市交通出现拥堵、热岛效应、噪声大、能耗大、空气污染、环境混乱等问题，直接影响到城市居民的生产、生活水平。"绿色交通（Green Transport）"旨在解决以上交通问题，是以最小的资源投入、最小的环境代价、最大限度地满足合理的交通需求，使城市交通通达有序、高效、安全舒适、低能耗、低污染的城市交通系统。

城区交通体系是城市综合交通体系的一部分，首先要建立城市综合交通体系的全局观，依据城市交通总体发展目标和交通资源配置策略，统筹城市综合交通体系功能组织，从做好前期规划开始。住房和城乡建设部颁布的《城市综合交通体系规划编制导则》中明确了城市综合交通体系规划的定位及作用，城市综合交通体系规划是城市总体规划的重要组成部分，是指导城市综合交通发展的战略性规划。城市综合交通体系规划是编制城市交通各子系统规划的依据。城区交通体系不仅包括城区内部交通体系的建立，还要加强城区间交通体系的互联。

城市综合交通体系规划包括对外交通、道路体系、公共交通系统、步行与自行车系统、客运枢纽、城区停车系统、货运系统、交通管理与交通信息化等内容，其中城区道路体系中的道路路网密度、城区混合开发相关内容，与总体规划不可分离，所以相关条款在"土地利用"章节中体现；货运系统与城市总体布局有关，不在城区层面评价；交通信息化的内容与其他城市信息化内容整合为"信息化管理"一章。本章不能涵盖所有城区内部交通系统，评价重点在绿色交通相关内容，所以此章命名为"绿色交通"。

"绿色交通"评分项分为4个小节，①绿色交通出行，此小节以绿色交通出行率作为主要评价指标，并分别评价公共交通、自行车、步行交通三大绿色出行方式，广义来说，绿色交通还包括轮渡、合作乘车、驾驶清洁能源汽车等，但考虑到相关信息的采集与计算的可操作性以及目前的常规统计方法，本标准评价范围只包括公共交通、自行车、步行交通；②道路与枢纽，道路评价重点是对道路修建的环境影响评价以及道路设计效率评价（注：道路路网规划在"土地利用"中）；③静态交通，包括机动车停车与自行车停车，机动车停车除停车位配置、停车方式要求外，还对电动车充电桩的配置进行明确要求，以提倡新能源车的应用，自行车停车除停车设施外，还对公共自行车租赁、共享单车的停放与管理也提出评价办法；④交通管理，与"信息化管理"一章不同的是，本章重点评价管理措施、相关政策对绿色交通的推进作用，不涉及信息化、智能化管理部分。

8.1　控制项

8.1.1　城区的交通规划应对降低交通碳排放与提高绿色交通出行提出指导性措施与总体控制指标。

📃 条文说明扩展

降低交通碳排放与提高绿色交通出行指导性措施与总体控制指标应在充分分析本区域交通需求与交通特征的基础上制定，不具备可实施性与区域特点的措施与指标视为不达标。以山地城区中自行车出行为例，如果规划了大量非机动车道，但实际使用率很低，将会造成土地的浪费，应在充分分析地形地貌的前提下，在局部适合区域建立非机动车道或与步行系统统一规划，同时从步行、公共交通体系上增加绿色出行比例。

绿色交通规划具有系统化、整体性的特点，不可只强化某一项指标，而影响交通系统的整体性能。如：提高机动车路网密度是疏解交通拥堵的有效手段，但也应控制在一定范围内，路网密度过高会增加机动车与行人、自行车的交汇点，降低交通效率与行人的安全度。

降低交通碳排放与提高绿色交通出行的总体控制指标包括：城区路网密度、公共交通500m覆盖率、绿色交通出行率等。

对于已建成城区，应分析现有交通设施对绿色交通需求的适应性，把握供需的主要矛盾及发展趋势，提出优化措施及总体控制指标。

💬 具体评价方式

本条文适用于规划设计、实施运管评价。

规划设计阶段审核"交通专项规划"相关文件与图纸。路网密度、绿色交通出行率等具体指标评价在评分项中，此条仅评价交通规划与这些目标值是否匹配。

实施运管阶段检查相关措施与指标的落实结果。审查城区是否将绿色交通出行的总体控制指标与指导性措施分解到建设各阶段中，并确保落实到位。

📋 案例

某项目在城区规划阶段，建立绿色交通指标体系，并制定相关考核标准，标准从道路路网密度、三幅路道路比重、建立优先绿色出行道路等级、清洁能源汽车占比等几个方面对交通规划提出指导性措施与具体控制指标。

8.1.2 在规划设计阶段应制定城区或执行城市步行、自行车、公共交通、智能交通等交通专项规划。

📄 条文说明扩展

城区交通规划应强调公共交通的核心作用，优先发展步行与自行车交通，并建立智能交通的管理体系。住房和城乡建设部颁布的《城市综合交通体系规划编制导则》中明确规定了城市综合交通体系规划包含公共交通系统规划、步行与自行车交通规划、交通管理与交通信息化规划的内容，按照《城市综合交通体系规划编制导则》中"5.2.3.规划成果文本编写大纲编制"。[1]相关要求如下：

"七、公共交通系统规划。主要包括：公共交通系统构成，各种公共交通方式的场站设施功能、布局和用地控制指标，公共交通网络重要控制点规划布局，公共交通专用道布局，公共交通线网和站点规划建设要求等，规划城市轨道交通线网和公共交通场站列表。

八、步行与自行车交通规划。主要包括：步行、自行车交通系统网络规划指标，行人、自行车过街设施布局基本要求，步行街区布局和范围，自行车停车设施布局原则等。"

"十二、交通管理与交通信息化规划。主要包括：交通管理设施布局原则和要求，交通需求管理系统框架，城市交通信息化发展模式，交通信息化系统框架，交通信息共享机制和共享信息类别等。"

💬 具体评价方式

本条文适用于规划设计、实施运管评价。

规划设计阶段审核城区步行、自行车、公共交通、智能交通等交通专项规划图纸与说明。

城区可执行所在城市的公共交通系统规划、步行与自行车交通规划、交通管理与交通信息化规划，也可在此基础上，结合城区自身条件，深化制定城区的相关规划。

对于已建成城区，应分析现有绿色交通需求与交通问题，优化步行、自行车、公共交通、智能交通等交通专项规划。

实施运管阶段检查相关规划的落实情况。

---

① 中华人民共和国住房和城乡建设部. 关于印发《城市综合交通体系规划编制导则》的通知（建城〔2010〕88号）[EB/OL]. 中华人民共和国住房和城乡建设部，（2010-05-26）. http://mohurd.gov.cn/gongkai/fdzdgknr/tzgg/201066/20100608_201282.html.

8.1.3 城区应建立相对独立、完整的步行及自行车系统，并采取有效管理措施。

📋 条文说明扩展

步行交通系统指人行道、步行街、人行空中连廊、地下街、交通广场及人行过街设施组成的系统。自行车交通系统指城市道路两侧的非机动车道、自行车专用道，以及自行车停车系统。

"独立"的步行及自行车系统指除住宅小区及独立物业管理单元的内部道路外的城市道路（不含交通量≤300puc/h的城市支路）应建立与机动车道有明确分界线的步行及非机动车道路系统。需要注意的是：要做好机动车道与非机动车道、步行道的隔离，确保安全、顺畅通行。

"完整"的步行及自行车系统指除机动车交叉路口外，不应被机动车停车、建筑物或构筑物等阻断。

鉴于城区机动车行驶及停车严重影响步行道及自行车道使用的现状，要求在实施运管阶段，城区需制定有效管理措施，以保证步行及自行车系统通畅、安全，不被其他设施占用。

💬 具体评价方式

本条文适用于规划设计、实施运管评价。

规划设计阶段审核步行与自行车系统的相关图纸与说明，主要查看步行与自行车的路网系统布局，道路断面图中非机动车道、步行道的宽度，是否设置隔离带。

对于已建成城区，应分析现有交通需求及步行、自行车系统的存在问题，制定优化步行、自行车系统的规划，使城区形成完整、独立的步行及自行车系统。根据已建成区的特点，优化措施更应强调管理措施，如：当自行车道与机动车道的隔离限于道路宽度不能建设绿化隔离带时，可采用灵活设置的隔离墩等方式。

在山区等不适宜自行车骑行的地方，可提供相关分析报告供专家评议，建设独立、完整的步行系统或慢行系统，并采取有效管理措施可评为达标。

实施运管阶段现场核实规划道路的实施情况，现场检查步行道及自行车道内是否被机动车停车、建筑物或构筑物阻断等问题。

8.2 评分项

I 绿色交通出行

8.2.1 城区建立优先绿色交通出行的交通体系，评价总分值为15分。绿色交通出行率达到65%，得5分；达到75%，得10分；达到85%，得15分。

≡ 条文说明扩展

2019年《绿色生活创建行动总体方案》已经中央全面深化改革委员会第十次会议审议通过，并由国家发展改革委印发实施。《绿色生活创建行动总体方案》提出通过开展节约型机关、绿色家庭、绿色学校、绿色社区、绿色出行、绿色商场、绿色建筑等创建行动，广泛宣传推广简约适度、绿色低碳、文明健康的生活理念和生活方式，建立完善绿色生活的相关政策和管理制度，推动绿色消费，促进绿色发展。其中，绿色出行创建行动包括：以直辖市、省会城市、计划单列市、公交都市创建城市及其他城区人口100万以上的城市作为创建对象，鼓励周边中小城镇参与创建行动。推动交通基础设施绿色化，优化城市路网配置，提高道路通达性，加强城市公共交通和慢行交通系统建设管理，加快充电基础设施建设。推广节能和新能源车辆，在城市公交、出租汽车、分时租赁等领域形成规模化应用，完善相关政策，依法淘汰高耗能、高排放车辆。提升交通服务水平，实施旅客联程联运，提高公交供给能力和运营速度，提升公交车辆中新能源车和空调车比例，推广电子站牌、一卡通、移动支付等，改善公众出行体验。提升城市交通管理水平，优化交通信息引导，加强停车场管理，鼓励公众降低私家车使用强度，规范交通新业态融合发展。到2022年，力争60%以上的创建城市绿色出行比例达到70%以上，绿色出行服务满意率不低于80%。

本条文"绿色交通出行"指通过绿色交通方式或绿色交通工具出行的交通方式。从交通方式来看，绿色交通出行包括步行交通、自行车交通、常规公共交通和轨道交通。从交通工具上看，绿色交通出行工具包括各种低污染车辆，如双能源汽车、天然气汽车、电动汽车、氢气动力车、太阳能汽车等，绿色交通工具还包括各种电气化交通工具，如无轨电车、有轨电车、轻轨、地铁等。

考虑到相关信息的采集与计算的可操作性，以及目前的常规统计方法，绿色交通出行比例按绿色交通方式的出行次数来计算，即绿色交通出行率包括步行出行率、自行车出行率及公共交通（含常规公共交通、轨道交通）出行率。

绿色交通出行率计算公式如下：

$$T=T_1+T_2+T_3$$

式中　T——绿色交通出行率；

T_1——步行交通出行率；

T_2——自行车交通出行率；

T_3——公共交通出行率，公共交通包含常规公交（含旅游大巴）、轨道交通。

其中，$T_1 = \dfrac{Q_{步行}}{Q} \times 100\%$

$$T_2 = \dfrac{Q_{自行车}}{Q} \times 100\%$$

$$T_3 = \dfrac{(Q_{公交}+Q_{轨道})}{Q} \times 100\%$$

式中　Q——区域交通出行总量（人次）；

$Q_{步行}$——步行交通出行量（人次）；

$Q_{自行车}$——自行车交通出行量（人次）；

$Q_{公交}$——常规公交出行量（含旅游大巴）（人次）；

$Q_{轨道}$——轨道交通出行量（人次）。

注：步行（或自行车）+公交的出行方式按一次出行计（公交出行计）。

需要注意的是：绿色出行应注重交通系统可达性，强调步行、自行车和公共交通联合发展。

本条文参考各城市现有及规划发展目标制定绿色交通出行率指标。住房城乡建设部与发展改革委、财政部于2012年发布《关于加强城市步行和自行车交通系统建设的指导意见》中提到："到2015年，城市步行和自行车出行环境明显改善，步行和自行车出行分担率逐步提高。市区人口在1000万以上的城市，步行和自行车出行分担率达到45%以上；市区人口在500万以上、建成区面积在320平方公里以上或人口在200万以上、建成区面积在500平方公里以上的城市，步行和自行车出行分担率达到50%以上；市区人口在200万以上、建成区面积在120平方公里以上的城市，步行和自行车出行分担率达到55%以上；市区人口在100万以上的城市，步行和自行车出行分担率达到65%以上；其余城市，步行和自行车出行分担率达到70%以上。"[①]2012年《国务院关于城市优先发展公共交通的指导意见》要求："提高城市公共交通车辆的保有水平和公共汽（电）车平均运营时速，大城市要基本实现中心城区公共交通站点500米全覆盖，公共交通占机动化出行比例达到60%左右。"[②]

---

① 住房城乡建设部　发展改革委　财政部关于加强城市步行和自行车交通系统建设的指导意见[EB/OL]. 中华人民共和国住房和城乡建设部，（2012–09–05）[2012–09–17]. http://www.mohurd.gov.cn/gongkai/fdzdgknr/tzgg/201209/20120917_211404.html.

② 国务院办公厅. 国务院关于城市优先发展公共交通的指导意见（国发〔2012〕64号）[EB/OL]. 中国政府网，（2012–12–29）[2013–01–05]. https://www.gov.cn/zwgk/2013-01/05/content_2304962.htm.

💬 具体评价方式

本条文适用于规划设计、实施运管评价。

规划设计阶段查看综合交通规划中的各交通方式分担率作为评价依据,并审查步行、自行车、公共交通等绿色交通方式的出行(目标)结构及其保障措施的分析报告,实施运管阶段根据居民出行调查数据获得技术指标值。

需要注意的是,城区交通方式分担率应有计算与分析报告,报告包含以下主要内容(模型仅供参考):

1. 出行生成:包括各交通小区的人员、车辆出行生成,一般可采用回归分析模型、生成率模型、聚类分析模型等进行测算。

2. 出行分布:包括人员出行分布和车辆出行分布,一般可采用增长率模型、重力模型、介入机会模型等进行测算。

3. 出行方式选择:包括各种交通方式的构成比例和分布,一般可采用转移曲线模型、Logit模型、重力转换型模型等进行测算。

4. 交通分配:包括各种交通方式反映在道路网络上的交通量和客运网络上的运输量,按照需求分析目的不同,一般可采用平衡分配模型、最短路分配模型、多路径概率模型、容量限制模型等进行测算。

📑 案例

根据目前我国生态城区的相关资料统计数据,各新建生态城区的绿色交通出行率在55%到85%之间,随着城区建成区的扩大,交通设施日趋完善,远期绿色交通出行量还会有较大幅度的提高(表8-1)。

表8-1 生态城区绿色出行率统计表

序号	项目名称	绿色出行比例(含公共交通、自行车、步行)
1	上海虹桥商务区核心区	55%
2	中新天津生态城南部片区	75%
3	上海新顾城	75%
4	烟台高新技术产业开发区(起步区)	80%
5	广州南沙灵山岛片区	76%
6	漳州西湖生态园区	76%
7	桃浦智创城	79.5%
8	杭州亚运会亚运村及周边配套工程项目	75%

序号	项目名称	绿色出行比例（含公共交通、自行车、步行）
9	衢州市龙游县城东新区	76%
10	太湖新城	85%
11	临桂新区	80%
12	广州知识城	80%
13	中新天津生态城中部片区	75%

8.2.2 城区形成完善的公共交通系统，评价总分值为12分，并按下列规则分别评分并累计：

1　公交站点500m覆盖率达到100%，轨道交通站点800m覆盖率达到70%，得4分；

2　城市万人公共交通保有量达到15标台以上，得3分；

3　沿地面公共交通主要走廊设置公交专用道，得3分；

4　公共交通系统具有人性化的服务设施，得2分。

条文说明扩展

公共交通是绿色出行的重要方式，城市公共交通具有集约高效、节能环保等优点，优先发展公共交通是缓解交通拥堵、转变城市交通发展方式、提升人民群众生活品质、提高政府基本公共服务水平的必然要求，是构建资源节约型、环境友好型社会的战略选择。

为推动公共交通的发展，《国务院关于城市优先发展公共交通的指导意见》（国发〔2012〕64号）和《关于开展国家公交都市建设示范工程有关事项的通知》（交运发〔2011〕635号）等文件已陆续颁布，交通运输部于2013年制定并印发了《公交都市考核评价指标体系》（交运发〔2013〕387号），并开展创建公交都市的活动。

公共交通主要出行方式包括常规公共汽（电）车与城市轨道交通两大类。有轨电车计入城市轨道交通类，临水城区的轮渡由于占比较小，不再计入。

本条文是针对现有问题，为保障与提高公共交通出行量的具体措施。目前城市公共交通主要问题是出行效率不高，服务水平低。中国各大城市交通综合调查数据显示，地铁"门到门"平均速度为13.7km/h，公交"门到门"平均速度仅为10.3km/h，与其他交通方式的平均旅行速度相比，仅相当于自行车的骑行速度，出行者在"换乘等候"和"最后一公里"损耗的时间占到了总时间的约50%。服务水平低主要体现在速度慢、准点率低及舒适性差等问题。针对以上问题，公共交通的出行评价分为4款：

第1款，公交站点与轨道交通站点覆盖率是对公交站点布局与线网的控制，对于已建设及规划建设轨道交通的城区是双控指标，要同时满足公交站点与轨道交通站点覆盖率的要求方可得分；对于没有规划建设轨道交通的城区，只评价公交站点的覆盖率。

公交站点覆盖率指城区内公共交通站点500m半径覆盖的建成区面积占总建成区面积之比（单位%），城区中含大面积水域、城市绿地可适当折减。

轨道交通站点覆盖率指城区内轨道交通站点800m半径覆盖的建成区面积占总建成区面积之比（单位%）。

对于既有城区，应加强公众出行规律和客流特征分析，优化调整城市公交线网和站点布局，降低乘客全程出行时间。

第2款，城市万人公共交通保有量是保证公共交通出行的承载能力，此指标参考《公交都市考核评价指标体系》的相关指标，是城市层面计算得出的，直接提供城市指标即可。

城市万人公共交通保有量指按城市人口计算的每万人平均拥有的公共交通车辆标台数，单位：标台/万人。各类车型折算系数参考交通运输部发布的《公交都市考核评价指标体系》及说明。

第3款，为提高公共交通的准点率与运行速度，集约利用城市道路资源，国务院颁布了《国务院关于城市优先发展公共交通的指导意见》（国发〔2012〕64号）明确要求，"保障公共交通路权优先"。"增加公共交通优先车道，扩大信号优先范围，逐步形成公共交通优先通行的网络。为集约利用城市道路资源，允许机场巴士、校车、班车使用公共交通优先车道"。[①]"公共交通主要走廊"指公共交通需求量大的道路，主要指单向三车道及以上道路，规划阶段要对城区公共交通需求量大的道路进行梳理，根据交通需求设置相匹配的公共交通专用道，并且明确专用道的使用时间。运营阶段确保公交专用道运营良好，并根据实际交通量变化，适当调整专用道的合理使用时间。

第4款，旨在提高公共交通的舒适性与便捷性，也是居民是否选乘公共交通的重要因素。公共交通系统的人性化服务设施包括：

1. 遮阳、避风雨的棚盖；

2. 等候亭内设告示牌及交通信息：包括沿途公交站点、路线图和运行时间表；

3. 公交站点为残障者、老年人提供坐凳和无障碍设施；

4. 道路服务设施符合《城镇道路路面设计规范》CJJ 169、《城市道路交通设施设计规范》GB 50688相关要求。

☺ 具体评价方式

本条文适用于规划设计、实施运管评价。

---

① 国务院办公厅. 国务院关于城市优先发展公共交通的指导意见（国发〔2012〕64号）[EB/OL]. 中国政府网，（2012–12–29）[2013–01–05]. http://www.gov.cn/zwgk/2013–01/05/content_2304962.htm.

规划设计阶段审核公共交通网络重要控制点规划布局，公共交通专用道布局，公共交通线网和站点规划、公交设施建设要求的相关图纸与分析说明；实施运管阶段现场检查运行情况，确保站点的良好运营，并保障步行到达公交场站联系通道的通畅。特别应避免为了运营管理的方便，封闭联系通道或阻挡通道宽度等情况。

8.2.3 城区形成连续、安全、通达的自行车系统，评价总分值为10分，应按下列规则分别评分并累计：

1 城区自行车道连续，并没有障碍物影响车道宽度，得5分；
2 城区自行车道具有合理的宽度，并与机动车道间设绿化分隔带，形成林荫路，得3分；
3 城区自行车道具备完善的配套设施，得2分。

≡ 条文说明扩展

近些年随着小汽车的普及，我国城市自行车出行比例一降再降，增加自行车的使用对节约能源、保护环境、增进健康具有重要作用。绝大多数城市有40%的车程在3km左右，很多时候自行车可以替代汽车成为代步工具，不仅节省燃油，也节省开车和停车的空间，减少因拥堵造成的时间消耗。

住房城乡建设部、国家发展改革委、财政部联合发布了《关于加强城市步行和自行车交通系统建设的指导意见》，要求各地充分认识加强城市步行和自行车交通系统建设的重要性和紧迫性，全面推进城市步行和自行车交通系统建设，改善城市人居环境，促进城市可持续发展。

大城市、特大城市发展步行和自行车交通，重点是解决中短距离出行和与公共交通的接驳换乘，中小城市要将步行和自行车交通作为主要交通方式予以重点发展。

本条文是保障与提高自行车出行量的具体措施。

城区自行车道应满足相应要求，具体规划要求可参考《城市道路工程设计规范》CJJ 37及《城市步行和自行车交通系统规划设计导则》中条文7.3.4关于"自行车道的宽度和隔离方式"和第8章"自行车空间与环境设计"的要求，以塑造连续、安全、便利的绿色出行空间。

第1款"城区自行车道连续"是指自行车交通网络化，保证自行车通行的连续、通畅；在设计道路交叉口和过街设施时，应特别注意自行车道的连续性，避免出现断点；车道不被绿化、建筑、构筑物等空间打断；在标高上不能出现突变。

第1款"没有障碍物影响车道宽度"指在规划设计阶段不能有电线杆、路灯等设施减少道路净宽；在实施运管阶段，不能有上述情况外，还不能有机动车停车、商业占道等情况。

第2款"城区自行车道具有合理的宽度"是指根据近、远期规划的交通需求，确定适宜的自行车道宽度，按照《城市综合交通体系规划标准》GB/T 51328—2018规定：在适宜自行车骑行的城市和城市片区，非机动车道最小宽度不应小于2.5m；非机动车专用路、非机动车专用休闲与健身道、城市主次干路上的非机动车道，以及城市主要公共服务设施周边、客运走廊500m范围内城市道路上设置的非机动车道，单向通行宽度不宜小于3.5m，双向通行不宜小于4.5m。需要注意的是：车道宽度不是越宽越好，并应与机动车交通之间采取物理隔离，这样可以减少机动车交通对其产生的干扰。在城区道路设计中需根据实际需要合理设置道路宽度，并进行简要说明。

第3款道路配套设施包括良好的道路照明设施、交通导向标识、交通安全设施、休息设施、环卫设施等，且符合《城镇道路路面设计规范》CJJ 169、《城市道路交通设施设计规范》GB 50688和《城市步行和自行车交通系统规划设计导则》等规范要求。应从需求着手，分析人的出行特点，设计道路配套及服务设施；并注重人性化的细节设计。需要注意的是：由于气候条件、出行方式、生活习惯的不同，不同城区的道路人性化服务设施应有所不同，设计应体现使用特点。

💬 具体评价方式

本条文适用于规划设计、实施运管评价。

规划设计阶段第1款主要审核自行车道路路网；第2款审核道路断面图及道路绿化图；第3款主要审核道路设施图纸及相关说明；实施运管阶段现场抽查相关运行情况，确保自行车系统运营良好，避免因机动车停车、商业占道引起的自行车通行不畅及安全问题。

8.2.4 城区形成连续、安全、环境良好的步行系统，评价总分值为10分，并按下列规则分别评分并累计：

1 城区步行系统连续，并满足无障碍要求，得5分；
2 城区步行系统与周边功能、环境、景观、公共空间相结合，得3分；
3 城区步行系统具备完善的道路配套设施，得2分。

📋 条文说明扩展

随着城市的扩张与城市功能的分离，市民出行越来越依靠机动车，道路空间也被优先分配给小汽车。由于小汽车拥有量的不断提高，停车问题日益严重，许多城市的机动车允许停靠在人行道上，导致行人需要在自行车道甚至是机动车道上行走，又引发交通安全问题。许多街道设立了人行道，但疏于管理，道路空间不可行走或被其他活动占据，行人面临着步行空间缺乏、过街障碍物较多的困难。

本条是保障与提高步行出行量的具体措施。步行交通系统指人行道、步行街、人行空中连廊、地下街、交通广场及人行过街设施组成的系统。

条文中第1款的"城区步行系统连续"指步行系统不被绿化、建筑、构筑物等打断；条文中的"满足无障碍要求"是指要符合现行《无障碍设计规范》GB 50763要求，并严格落实"人行天桥桥下的三角区净空高度小于2.0m时，应安装防护设施，并应在防护设施外设置提示盲道"。

第2款强调步行系统的连通性，"周边功能、环境、景观、公共空间"主要包括住宅区出入口、办公区主要出入口、配套服务设施、商业设施、展览设施、市民广场、公园等。

第3款道路配套设施包括道路照明设施、交通导向标识、交通安全设施、休息设施、环卫设施等。

步行道横断面可划分为人行道、绿化带或设施带，以及建筑前区。各分区应保证连续，避免分区间发生重叠或冲突。

⊙ 具体评价方式

本条文适用于规划设计、实施运管评价。

本条文的评价方法为：规划设计阶段第1款主要审核步行道路平面图及无障碍设计说明；第2款审核步行道路路网图及相关分析图，分析图应标注住宅区主要出入口、办公区主要出入口、配套服务设施、商业设施、展览设施、市民广场、公园等位置；第3款主要审核道路配套设施图纸及相关说明；实施运管阶段现场抽查运行情况，确保步行系统运营良好。

II 道路与枢纽

8.2.5 城区道路建设采取有效措施减少对自然环境的影响，评价总分值为8分，应按下列规则分别评分并累计：

1 道路规划充分结合原有自然条件，得5分；

2 市政道路采用降低交通噪声的措施，得3分。

▤ 条文说明扩展

第1款"道路规划充分结合原有自然条件"包括两方面的内容：一方面是根据地形、地貌条件，合理确定道路标高，减少道路土方量；另一方面是尽可能保留湿地、古树、原生林等自然景观。

第2款，交通噪声已经成为环境噪声污染的主要来源，城市中有$\frac{2}{3}$的人口暴露在较高的噪声环境下，很容易造成听觉疲劳与听觉损伤，影响身体健康。交通噪声源于车辆发动机为主的动力系统，以及轮胎与路表面的滚动接触，车辆高速行驶时，噪声主要来自轮胎与路表面的摩擦，即路面噪声。对于城市级道路，可以通过低噪声路面材料有效降低路面噪声，低噪声路面包括多孔性、密实性、多孔弹性沥青路面等，也可以采用隔声屏、防护绿带等隔声措施降低道路噪声。根据《环境影响评价技术导则　声环境》HJ 2.4—2009总结道路噪声常用控制措施见表8-2。

表8-2　道路交通噪声常用控制措施的优缺点及适用范围

序号	控制措施	优点	缺点	适用范围
1	声屏障	室内、外有一定降噪效果（降噪3~15dB）	影响视线，采光，通风，高层建筑降噪效果差	在一定距离内的密集建筑
2	隔声窗	室内降噪效果好（降噪≥25dB）	降低通风效果	零散和高层建筑
3	绿化带	良好的景观和心理效果	降噪效果较低（1~3dB），占地面积大	土地富裕地区
4	加高围墙	有一定的降噪效果，投资低	影响采光，通风	平房
5	搬迁和置换	能很好解决噪声影响	投资大，难度大	特定路段
6	低噪声路面	不改变道路形状和两侧景观，可有一定降噪效果（降噪3~5dB）	尚在试验阶段	特定路段
7	路堑、下穿或下沉式	室内、外有一定降噪效果	没有合适的地形条件时，投资大	特定路段
8	道路全封闭	室内、外有一定降噪效果	投资较大、影响封闭段内的空气质量	特定路段，道路两侧高层建筑多

💬 **具体评价方式**

本条文适用于规划设计、实施运管评价。

规划设计阶段审核"交通专项规划"相关图纸与说明，第1款查看原始地形图及道路设计图纸、设计前后的对比与说明，规划设计阶段充分分析并利用自然地形、地貌、标高等因素布局路网；第2款查看降低交通噪声的说明与相关图纸，包括路网规划将快速道等交通噪声大的道路尽量远离噪声敏感区；具体降噪措施、降噪效果及实施范围，鼓励使用先进的降噪措施，但需提供相关证明材料，经专家认证；实施运管阶段定期监控道路噪声，保证环境噪声值达标。现场核实情况，检查相关噪声监测数据。

8.2.6　城区道路采取有效措施提高通行效率，评价分值为5分。

📋 **条文说明扩展**

城区需充分分析自身交通状况，采取合理、适用的设计与管理措施提高道路的通行效率。如采用快慢分流、单行循环、渠化交通等道路设计方法，可以把不同行驶方向和车速的车辆分别规定在有明确轨迹线的车道内行驶，避免相互干扰，从而减少车辆之间，以及车辆与行人之间的冲突点，提高交通安全性和通行能力；也可以在交通导流改造中采取可变车道的方式进行交通组织，达到提高道路通行效率的目的。

😀 具体评价方式

本条文适用于规划设计、实施运管评价。

规划设计阶段需审核城区道路设计图纸与减少冲突点、提高效率措施说明；实施运管阶段现场核实运行情况。

🗐 案例

1. 渠化交通：

某城区主要路段均采用了渠化交通，合理设置交叉口、道路划线、绿带隔离设施，主要目的是强制机动车、非机动车及行人各行其道，大幅度提高机动车的行车速度及交通安全水平，从而起到渠化交通、变无序交通为有序交通的作用，同时亦可使道路服务水平大为提高。

2. 快慢分流：

某城区主要路段均采用快慢分流的交通组织方式。其中城市主干路、次干路采用非物理隔离方式，包括绿化带、设施带、连续隔离栏等；城市支路采用非连续物理隔离或非物理隔离方式，包括非机动车道彩色铺装、彩色喷涂、划线等。

3. 可变车道（潮汐车道）：

可变车道（潮汐车道）指城市内部根据早晚交通流量不同情况，对有条件的道路设置一个或多个车辆行驶方向规定随不同时段变化的车道。某城区每天晚高峰17时至20时，主路进城方向将有一条车道变为出城车道。同时，交管部门通过优化路口，增加出城方向的车道，以便增加的车流尽快直行，使车流在这里分流。

8.2.7 城区在主要交通节点修建交通枢纽，实现多种交通方式的整合和接驳，评价分值为5分。

🗐 条文说明扩展

交通枢纽指在城市交通系统中，两种以上公共交通方式或一种公共交通方式多条线路的客流集散换乘场所。此条中"交通枢纽"主要指城市客运交通枢纽，分为城市综合客运枢纽和城市公共交通枢纽。

交通枢纽是影响整个综合交通体系运行效率的关键点。交通运输部、中央宣传部、国家发展改革委、工业和信息化部、公安部、财政部、生态环境部、住房城乡建设部、国家市场监督管理总局、国家机关事务管理局、中华全国总工会、中国铁路总公司12部门和单位联合印发《绿色出行行动计划（2019—2022年）》中提出："强化城市轨道交通、公共汽电车等多种方式网络的融合衔接，提高换乘效率。"[1]

城区需形成布局合理、衔接顺畅、功能完备、服务优质的交通枢纽节点。交通枢纽应尽量实现物理空间一体化、运营管理一体化、信息服务一体化、票价票制一体化，从而最大限度地方便乘客，提高公共交通的分担率和服务水平，使交通枢纽成为环境温馨、方便舒适、有巨大吸引力的公共空间。

《城市综合交通体系规划标准》GB/T 51328—2018中规定："城市综合客运枢纽宜与城市公共交通枢纽结合设置。城市综合客运枢纽必须设置城市公共交通衔接设施，规划有城市轨道交通的城市，主要的城市综合客运枢纽应有城市轨道交通衔接。枢纽内主要换乘交通方式出入口之间旅客步行距离不宜超过200m。""城市公共交通枢纽宜与城市大型公共建筑、公共汽电车首末站以及轨道交通车站等合并布置，并应符合城市客流特征与城市客运交通系统的组织要求。"

😃 **具体评价方式**

本条文适用于规划设计、实施运管评价。

本条的评价方法为：规划设计阶段审核城区客运交通枢纽规划及相关说明，规划应包括枢纽总体布局、功能定位、用地控制指标、建设规模指标、枢纽的客流预测及各种交通方式的换乘客流量预测、交通方式的换乘距离要求等内容。

实施运管阶段审核交通节点与枢纽图纸，并现场抽查运行情况。

III 静态交通

8.2.8 城区合理配建机动车停车场及电动车充电设施，评价总分值为10分，应按下列规则分别评分并累计：

1 城区主要公共活动场所、交通枢纽配建公共机动车停车场，得2分；

2 机动车停车位数量满足配建指标要求，在高密度开发区同时控制停车位数量上限，得3分；

3 停车场采用地下停车或立体停车的停车位占总停车位的比例达到90%，得3分；

4 新建住宅配建停车位100%预留电动车充电设施安装条件；大型公建配建停车场与社会公共停车场10%及以上停车位配建电动车充电设施，得2分。

---

[1] 交通运输部网站. 多部门关于印发绿色出行行动计划（2019—2022年）的通知（交运发〔2019〕70号）[EB/OL]. 中国政府网，（2019-05-20）[2019-06-03]. https://www.gov.cn/xinwen/2019-06/03/content_5397034.htm.

📋 条文说明扩展

静态交通是由公共交通车辆为乘客上下车的停车、货运车辆为装卸货物的停车、小客车和自行车等在交通出行中的停车等行为构成的一个总的概念，是整个交通大体系中的一个重要的组成部分。

随着我国经济与汽车产业的发展，城市，特别是大城市的机动化水平迅速提升，交通问题日益严重。"停车难、乱停车"现象严重影响了城市交通水平。静态交通目前主要问题包括城市公共停车场布局不当、停车位严重不足，以及停车管理不善三个方面。城市公共停车场布局不当指公共停车场没有设立在公共场所周边或距离太远（超过服务范围）；停车位严重不足是因为在规划建设阶段没有合理地预留停车场地，没有更好地开发地下停车与立体停车所需空间；停车管理不善则大大影响了停车效率。

停车位的配建与城市规划息息相关，不同的城市开发密度对应不同的小汽车停车位比例。停车位的配建量以往只规定下限，鼓励设置更多的停车位以满足不断增长的停车需求，但随着城市空间的变化，还需根据停车需求的发展与停车政策的变化及时调整。对于高密度开发区，如大量人口通过机动车出行，周边道路很难疏解，而通过限制停车位数量可以有效降低机动车交通出行率。以香港为例，在其中心城区规定了建筑物的停车位配建标准高限，目的是控制小汽车出行，保持交通系统的平衡。需要注意的是，对于高密度开发区，在限制机动车停车位的同时也要补充配置相应量的公共交通以满足出行需求。

机动车停车位应符合所在地控制性详细规划要求，地面停车应按照国家和地方有关标准适度设置，并科学管理、合理组织交通流线，不应对人行、活动场所产生干扰。停车位数量应符合有关规范或当地城市规划行政主管部门的规定。

为加快推进城市电动汽车充电基础设施规划建设，促进电动汽车推广应用，2016年1月发布了《住房城乡建设部关于加强城市电动汽车充电设施规划建设工作的通知》建规〔2015〕199号，要求新建居住（小）区和大型公共建筑必须严格执行新建停车场配建充电设施的比例要求，新建住宅配建停车位应100%预留充电设施建设安装条件，新建的大于2万m²的商场、宾馆、医院、办公楼等大型公共建筑配建停车场和社会公共停车场，具有充电设施的停车位应不少于总停车位的10%。[①] 此条第4款明确了相关设置电动车充电设施的要求。

💬 具体评价方式

本条文适用于规划设计、实施运管评价。

规划设计阶段审核停车规划的相关图纸与说明。第1款查看机动车公共停车场的分布

---

① 中华人民共和国住房和城乡建设部. 住房城乡建设部关于加强城市电动汽车充电设施规划建设工作的通知（建规〔2015〕199号）[EB/OL].（2016-01-15）. https://www.mohurd.gov.cn/gongkai/fdzdgknr/tzgg/201601/20160115_226326.html.

图，公共停车场的服务半径，在市中心地区不应大于200m，一般地区不应大于300m；第2、3、4款查看城区的停车规划，规划中应包括机动车停车位配建指标要求、公共停车场规模与停车形式、停车场配建充电设施的比例要求。实施运管阶段现场抽查规划落实情况。

地下停车、立体停车主要目的是节约土地，当城区开发密度低、地质条件不适合修建地下停车库时，可提供相关分析报告，此条第3款不参评。

8.2.9 城区合理设置自行车停车设施及公共自行车租赁网络，评价总分值为10分，应按下列规则分别评分并累计：

1. 城区在公交枢纽和公共活动场所设置自行车停车设施，得5分；
2. 城区形成完善的公共自行车租赁网络，每个公共自行车租赁网点有足够的配车和停车设施，取、还车便捷，设备运转良好，评价分值为5分。

☰ 条文说明扩展

自行车停车设施与公共自行车租赁设施的布局应满足用车需求，特别在人员活动频繁的场所更有利于自行车的使用，自行车停车设施与公交枢纽站统一规划和设置，也提高了公共交通的使用率。第1款"公共活动场所"包括商业设施、公园、城市广场、城市服务设施等。

根据多城市的公共自行车租赁情况的调研发现，自行车的取、还便捷度都是影响公共自行车使用的重要因素。公共自行车系统的使用凭证或介质宜采用信息集成程度高的电子媒介，同时鼓励自行车租赁市场化、信息化发展，市场化企业和设备需进行安全管理和备案，并在不影响其他道路设施及居民出行的基础上划定合理的停车区域。

共享自行车可视为公共自行车租赁系统，与"有桩"的公共自行车相比，这种随时取用和停车的"无桩"理念给市民带来了极大便利，但同时也导致乱占道现象更加普遍，城市空间的管理因而变得更加困难。所以，在规划设计阶段一定要预留好共享自行车的停车场空间。

自行车停车设施及自行车租赁网点布局应符合《城市步行和自行车交通系统规划设计导则》中的第9章"自行车停车设施设计"和第10章"公共自行车系统"的相关规定。

1. 自行车停车设施的选址应设置在便捷醒目的地点，并尽可能接近目的地。

轨道车站、公交枢纽等应在各出入口分别设置路外自行车停车场，距离不大于30m。

公共场所周边应设置路外自行车停车场，服务半径不大于100m。

路侧自行车停车场应按照小规模、高密度的原则进行设置，服务半径不宜大50m。

2. 城区公共自行车租赁形成网络，才能提高公共自行车的使用率：

综合考虑公共自行车租车人理想的步行距离及所服务腹地的人口密度等因素，租赁点间距宜为200～500m，平均间距推荐取300m；服务半径为100～250m，平均服务半径推荐取150m；租赁点密度为4～25个/km²，平均密度推荐取11个/km²。

已建成区应根据实际用车量及时调整租赁点的配车量，并优化租赁点布局，保证使用需求。

⊙ 具体评价方式

本条文适用于规划设计、实施运管评价。

规划设计阶段审核自行车停车设施布局图和公共自行车租赁网点（或共享自行车停车场）分布图。共享自行车停车场地布局满足公共自行车租赁网点布局要求，第2款可得5分。

实施运管阶段现场抽查运行情况，确保公共自行车租赁点或共享单车停车场停车数量、车况基本满足用车需求。

Ⅳ　交通管理

8.2.10　城区制定有效减少机动车交通量的管理措施，评价分值为5分。

☰ 条文说明扩展

通过政策、经济、行政手段提高公共交通吸引力及对个体机动车出行的适当限制，达到鼓励绿色交通出行，减少机动车交通量的目的。管理措施包括制定合理的公共交通票价及绿色出行奖励机制等，对于大城市与特大城市的中心城区及高密度开发区可以采取设定购车指标、限行、缴纳拥堵费、提高机动车停车费、控制机动车停车位等措施。需要注意的是：管理措施的制定一定要考虑大、中、小城市的差别，城区应根据所处自然条件、交通状况、经济发展水平等因素因地制宜地制定适合本区域的管理措施，并尽量通过合理的公共交通票价、绿色出行奖励机制等积极方式达到控制与减少个体机动车出行的目的。

2012年《国务院关于城市优先发展公共交通的指导意见》中提出："推行交通综合管理。综合运用法律、经济、行政等手段，有效调控、合理引导个体机动化交通需求。在特大城市尝试实施不同区域、不同类型停车场差异化收费和建设驻车换乘系统等需求管理措施，加强停车设施规划建设及管理。""综合考虑社会承受能力、企业运营成本和交通供求状况，完善价格形成机制，根据服务质量、运输距离以及各种公共交通换乘方式等因素，建立多层次、差别化的价格体系，增强公共交通吸引力。"[①]

---

① 国务院办公厅. 国务院关于城市优先发展公共交通的指导意见（国发〔2012〕64号）[EB/OL]. 中国政府网，（2012–12–29）[2013–01–15]. http://www.gov.cn/zwgk/2013–01/05/content_2304962.htm.

💬 具体评价方式

本条文适用于规划设计、实施运管评价。

规划设计阶段审核相关管理措施报告或说明，报告或说明应包括城区道路通行情况、相关具体管理措施及实施范围，实施运管阶段审核相关管理措施文件。

8.2.11 城区制定鼓励使用环保能源动力车的措施，评价分值为5分。

📋 条文说明扩展

使用环保能源动力车出行是减少城市交通污染的重要手段，目前在国家与城市层面已经发布多项促进发展的通知与补助政策，财政部、科技部2009年发出《关于开展节能与新能源汽车示范推广工作试点工作的通知》（财建〔2009〕6号），以下简称《通知》，之后在北京、上海、重庆、长春、大连、杭州、济南、武汉、深圳、合肥、长沙、昆明、南昌13座城市开展节能与新能源汽车示范推广试点工作。《通知》中附件《节能与新能源汽车示范推广财政补助资金管理暂行办法》明确指出："中央财政重点对试点城市相关公共服务领域示范推广单位购买和使用节能与新能源汽车给予一次性定额补助。"[1]《通知》同时要求地方财政安排一定资金，对节能与新能源汽车配套设施建设及维护保养等相关支出给予适当补助，保证试点工作顺利进行。

对于城区层面，既可以引用、落实城市的相关鼓励措施（购车补贴、不限购等），也可以制定城区范围的鼓励措施（环保能源动力车停车优先、共享电动车等）。应结合城区实际环保能源汽车发展情况与经济水平，提出切实可行的管理措施。

💬 具体评价方式

本条文适用于规划设计、实施运管评价。

规划设计阶段审核城区相关鼓励使用环保能源动力车的措施说明，说明应包括：所处城市的相关经济与政策要求、城区执行的具体措施与政策等，实施运管阶段审核相关实施措施文件。

8.2.12 城区制定停车换乘的管理措施，评价分值为5分。

📋 条文说明扩展

停车换乘是指在交通枢纽或大型公共交通站点附近设置大型低收费停车场，吸引在郊

---

[1] 财政部网站. 关于开展节能与新能源汽车示范推广试点工作的通知（财建〔2009〕6号）[EB/OL]. 中国政府网，（2009-01-23）[2009-02-05]. http://www.gov.cn/zwgk/2009-02/05/content_1222338.htm.

区居住的人群将车停在枢纽或站点附近，换乘公共交通到市区；停车换乘可以有效减少私人小汽车在城市中心区域的使用，缓解中心区域交通压力。停车换乘功能的实现需要具备两个条件：一是在交通枢纽或大型公共交通站点附近设置大型小汽车停车场，二是制定优惠停车政策，吸引小汽车停车。停车场应与大型枢纽、大型公共交通站点统一规划，同步建设。

参考评价指标：

1. 从停车场到公共交通车站入口的步行距离≤150m；

2. 停车收费低于周边商业停车场标准；

3. 停车规模原则上按照规划指标确定，并满足换乘需求；

4. 停车场运营时间与公共交通运营时间相匹配。

😶 **具体评价方式**

本条文适用于规划设计、实施运管评价。

规划设计阶段查看停车换乘停车场相关图纸及停车场交通管理措施说明。说明中应包括停车场运营时间、收费标准等内容；停车场图纸应标明从停车场到公共交通车站入口的步行距离、停车规模等指标。

实施运管阶段审核相关管理措施文件，并现场抽查运行情况。

此条评价与8.2.7条相关，当城区未建设交通枢纽或大型公共交通站点，此条不得分。

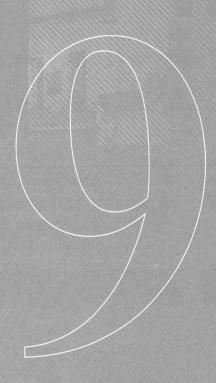

信息化管理

9

我国的绿色生态城区要求应用信息技术全面监测、管理城区，以实际的数据来反映绿色生态目标的实现效果，因此《绿色生态城区评价标准》GB/T 51255—2017对城区的能源与碳排放信息管理、绿色建筑建设信息管理、公共交通信息平台提出控制性要求，对城区的公共安全系统、环境监测系统、水务信息管理系统、道路监控与交通管理信息系统、停车管理信息系统、市容卫生管理信息系统、园林绿地管理信息系统、信息通信服务设施、市民绿色生态信息服务和道路景观照明控制等提出具体要求，并给予评分。

我国正在规划实施智慧城市/城区/开发区，是全球规模最大的智慧城市建设，这反映中国需要通过信息化与城市社会与经济的发展深度融合，来统筹城市发展的物质资源、信息资源和智力资源的利用，促进政务信息共享和业务协同，使城市规划管理信息化、基础设施智能化、公共服务便捷化、产业发展现代化和社会治理精细化。《中共中央、国务院关于进一步加强城市规划建设管理工作的若干意见》（2016年2月）提出推进城市智慧管理："到2020年，建成一批特色鲜明的智慧城市。通过智慧城市建设和其他一系列城市规划建设管理措施，不断提高城市运行效率。"[①]

住房城乡建设部办公厅印发《国家智慧城市（区、镇）试点指标体系（试行）》（2012年11月）对智慧城市所要求的建设和考核工作，符合城市社会与经济发展的目标特点，能够充分支撑绿色、生态、低碳、智慧、和谐的城区建设与管理。国家发改委办公厅、中央网信办秘书局和国家标准委办公室颁布的《新型智慧城市评价指标（2016年）》指出"新型智慧城市是以创新引领城市发展转型，全面推进新一代信息通信技术与新型城镇化发展战略深度融合，提高城市治理能力现代化水平，实现城市可持续发展的新路径、新模式、新形态，也是落实国家新型城镇化发展战略，提升人民群众幸福感和满意度，促进城市发展方式转型升级的系统工程。"

绿色生态城区信息化管理的评价工作是在上述文件指导下进行。由于城区的建设期较长，在规划阶段只是确定城区在绿色生态领域的总体目标，明确城区基础设施和各类建筑物的适用技术及系统。信息化管理章所涉及的是在运营期具有功能的信息管理系统，在新建绿色生态城区的规划阶段仅有初步的技术方案。目前积极要求评价的项目，大多处于规划及建设初期，因此，需要合理地确定评价的时间节点，以获得必要的评价资料。需要指出的是我们并非要求为绿色生态专门去建设信息化系统，而是考察智慧城市与绿色生态设施建设运行相关的部分，所评价的信息化系统建设费用大多为智慧城市建设的投入。

---

① 新华社. 中共中央　国务院关于进一步加强城市规划建设管理工作的若干意见 [EB/OL]. 中国政府网，（2016–02–06）[2016–02–21]. https://www.gov.cn/zhengce/2016–02/21/content_5044367.htm.

绿色生态城区的规模可从3平方千米到几十平方千米，在评价工作中常有以下四类情况：城区地域与政府行政辖区一致、城区地域跨几个政府行政辖区、城区地域属政府行政辖区的一部分和特定功能园区。由于这四类绿色生态城区的建设方式和管理模式各有特点，因此它们的绿色生态信息化管理系统的构成和运行方式有着明显的差异，评价所需的佐证资料和现场考察内容应给予区别。启动评价前，应根据申报方的资料和询问的情况，确定评价城区的类型，以此明确评价需收集的佐证资料内容。

近年来，PPP模式的城区建设受到了政府、投资商和工程界高度关注，出现了城区投资建设运营商、产业新城投资建设运营商等。《绿色生态城区评价标准》GB/T 51255—2017同样能有效地规范并指导这类城区的建设行为。

9.1 控制项

9.1.1 应建立城市或城区能源与碳排放信息管理系统，并正常运行。

条文说明扩展

设置本条的目的是促进有效掌控能源供应和能源消耗情况，积累运行数据，分析城区的能源与碳排放态势，为能源调度提供依据，保证城区的能源安全。鉴于城区能源与碳排放信息管理系统是用数据反映绿色生态城区建设运行效果的主要技术手段，故设置本条为控制项，适用于规划设计、实施运管的评价。

1. 政策与相关标准

国家发展改革委办公厅关于印发《低碳社区试点建设指南》（发改办气候〔2015〕362号），以下简称《指南》，要求结合本地实际情况，开展低碳社区试点工作。"低碳社区"是指通过构建气候友好的自然环境、房屋建筑、基础设施、生活方式和管理模式，降低能源资源消耗，实现低碳排放的城乡社区。《指南》明确了低碳社区试点的基本要求和组织实施程序，提出按照城市新建社区、城市既有社区和农村社区三种类别开展试点，并详细阐述了每类社区试点的选取要求、建设目标、建设内容及建设标准。城市新建社区试点优先考虑国家的低碳城（镇）试点、低碳工业园区试点、绿色生态示范城区、新能源示范城市、绿色能源示范县、新能源示范园区等。《指南》的"3.5运营管理"提出推行低碳物业管理、建立社区碳排放管理系统和建立智慧管理平台，要求"建立社区综合服务信息系统。结合各地电子政务、智慧城市建设，鼓励试点社区同步建设完善的信息服务平台，建立多功能综合性社区政务服务系统和社区生活、商业、娱乐信息在线服务系统。""建立数字化碳排放监测系统。有条件的社区，应统筹建立社区碳排放信息管理系统，实现对社区内重点单位、重点建筑和重点用能设施的全覆盖，对社区水、电、气、热等资源能源利用情况进行动态监测。鼓励有条件的地区建设社区能源管控中心，安装智能化的自动控制设施，加强社区公共设施碳排放智慧管控。面向家庭、楼宇、社区公共场所，推广智能化能效分析系统。"

城区应按住房和城乡建设部《关于印发国家机关办公建筑和大型公共建筑能耗监测系统建设相关技术导则的通知》（建科〔2008〕114号）的要求建设能源信息管理系统。并汇聚电力、燃气、自来水等公用事业单位的运营信息。

2. 实施难点

能源和能耗是绿色生态城区运行管理的核心工作，城区能源与碳排放信息管理系统应与城市能源信息管理系统和城市经济管理系统对接，形成城区单位GDP碳排放量、人均碳排放量和单位面积碳排放量等减碳数据。

住房和城乡建设部下发《关于印发国家机关办公建筑和大型公共建筑能耗监测系统建设相关技术导则的通知》后，全国推行建筑能耗监测系统，每个省市设置了建筑能耗监测平台。然而实际运行的情况并不理想，其中主要原因是建设与运行的机制不完善，缺乏系统运行的责任和维护经费，导致建筑能耗数据采集困难且不稳定，无法持续实现预定的功能。如何建设与运行城区能源与碳排放信息管理系统，需要做好系统性的工作，对此，上海虹桥商务区的经验可以作为参考。

📑 案例

上海虹桥商务区规划用地面积约86.6km²，其核心区为商务功能集聚区域，面积约4.76km²。虹桥商务区依托虹桥交通枢纽，由主功能区和功能拓展区组成，是上海现代服务业的聚集区和国际贸易中心建设的新平台，服务于长三角地区、长江流域和全国。管委会提出以低碳经济发展为核心，以节约能源、优化能源结构、加强生态保护和建设为重点，通过城市规划和绿色建筑策划等来实现商务区的低碳排放。

商务区在大规模建设前制定《上海虹桥商务区智慧城区（地块与建筑）建设导则（试行）》，要求开发商建设楼宇能耗分项计量系统，以绿色科技与智能建筑融合来支持低碳商务区的能耗监测平台建设，为安全、高效、绿色、低碳、智慧的运营管理奠定基础。

虹桥商务区的低碳能效运行信息管理平台有四大系统：①建筑能耗监测管理系统，②低碳环境监测管理系统，③智能电网监测管理系统，④低碳能效综合服务系统。系统接入了区内楼宇能耗数据、公共绿地的碳汇数据和可再生能源的使用数据，对区域内能效情况全面检测、对比和分析，使区域能源信息可报告、可监测、可核查、可评估，准确掌握区域内各个用户的实时和历史用能情况，可向开发商提供单体建筑能耗报告，向政府机构提供区域能耗分析报告和碳排放水平量化分析报告，为商务区构建"低碳"体系和统计方法等提供依据。

目前，虹桥商务区核心区的31个地块中已完成低碳能效运行管理平台建设。平台前期的数据整体质量相对较好，但是运行时间超过1年后，出现了中断、变更、偏差等故障，故障率急剧上升的情况，这是由于建筑的能耗采集系统为开发商自建，建成后的系统移交职责不清、内部管理缺失、系统维保到期后缺少经费使运维不及时等所导致。

为了提高数据质量，发挥能效监测数据和应用平台互联共享的价值，商务区建设企业绿色运营在线服务平台，将开展区域绿色运营预认证服务，以服务代政令，鼓励第三方服务企业加入低碳平台运营体系（拟建立会员认证形式等），形成认证能力资源与认证需求对象之间的有效对接与服务渠道，实现运营措施的制定、执行、跟踪、效益评估的全过程业务管理，同时将运营过程数据入库，用以分析绿建的低碳效益，并为区域及各业主单位提供能效分析、节能、能效测评、能效诊断、能效咨询及优化策略等全生命周期绿色运营的服务，发布低碳政策、能耗数据等信息。

具体评价方式

规划阶段：编制城区能源与碳排放信息管理系统的规划方案，为保证基础信息采集和系统的长效运行，做好顶层设计，包括能源与碳排放信息管理平台的架构，大型公共建筑能耗分项计量系统、居住区能耗信息采集系统和产业用能信息采集系统的技术设计；制定平台与能耗信息采集的建设标准；策划平台与能耗信息采集的管理规定与运行机制。并将城区能源供应、城区能源消耗，以及分布式能源中心的运行信息接入城区能源信息管理系统。

工程设计和建设要点：完成城区能源与碳排放信息管理平台，以及大型公共建筑能耗分项计量系统、居住区能耗信息采集系统和产业用能信息采集系统的技术设计，使城区能源与碳排放信息管理工作能从基础能耗信息的采集、传输到汇聚管理等各个环节落实到位。

城区能源供应包括：电力、燃气、燃油、燃煤、自来水、蒸汽、冷热水及可再生能源（太阳能、风能等）。城区能源消耗包括：电力、燃气、燃油、燃煤、自来水、蒸汽、冷热水等。

城区能源与碳排放信息管理平台应汇聚电力、燃气、自来水等公用事业单位的运营信息，并保证城区各类能源/能耗信息能有效上传。为此在技术上应规定能耗信息采集系统的通信协议与传输接口，从而使大型公共建筑、居住区和产业的用能信息采集系统与城区能源与碳排放信息管理系统无缝对接。

运管阶段：加强对能耗信息采集系统的管理，确保汇聚信息的准确、可靠和连续。完善城区能源与碳排放信息管理平台功能，建立长效机制，保证实时反映城区绿色生态的总体水平。通过城区能源与碳排放信息管理系统有效掌控能源供应情况和能源消耗情况，分析城区的能源态势，为能源调度提供依据，保证城区的能源安全。城区应与城市能源信息管理系统和城市经济管理系统对接，收集与统计城区单位GDP碳排放量、人均碳排放量和单位面积碳排放量等减碳数据。

现场考察城区能源与碳排放信息管理系统的运行情况与近期的城区能源与碳排放统计数据。因各地电网电源的构成可有火电、水电、核电、太阳能发电、风电等，在碳排放量计算时，需根据当地情况确定碳排放因子。

在绿色生态城区范围与行政管辖区一致时，可直接使用行政管辖机构的系统。若城区规模不大，不具有独立的行政管辖权限时，可以利用上级系统获得相关数据，通过与城市能源与碳排放信息管理系统的对接，获得城区的相关数据，以实行管理。

9.1.2 应建立城市或城区绿色建筑建设信息管理系统，实行绿色建筑建设的信息化管理。

📋 条文说明扩展

设置本条是要求收集城区绿色建筑建设过程中的规划、立项、设计、开工建设、竣工、使用、运行及评价等资料与数据，全面掌握区内绿色建筑的建设规模、建设进度和工程质量。鉴于城区绿色建筑建设信息管理系统是政府主管机构对绿色建筑管理的工作手段，故设置本条文为控制项，适用于规划设计、实施运管评价。

城区在建设过程中需要通过制定有效的政策，建立绿色建筑建设信息管理系统，全面提升绿色建筑的建设、管理和评价等方面的水平，并为建设管理部门的规划、建设管理工作提供准确的统计数据。

1. 相关政策

各地政府的建设管理机构为了加强绿色建筑管理，推动"资源节约型、环境友好型"社会建设，根据《绿色建筑行动方案》《中华人民共和国节约能源法》《中华人民共和国循环经济促进法》《公共机构节能条例》和《民用建筑节能条例》等出台地方的《绿色建筑管理条例》或《绿色建筑管理办法》，规划绿色建筑的发展和实施计划、明确组织协调和日常监督管理的责任机构和工作要求，指导编制绿色建筑设计、施工、验收和评价的技术规定。

住房和城乡建设部、国家发展和改革委员会等6部门共同研究制定的《绿色社区创建行动方案》（发改环资〔2019〕1696号）要求到2022年，绿色社区创建行动取得显著成效，力争全国60%以上的城市社区参与创建行动并达到创建要求，基本实现社区人居环境整洁、舒适、安全、美丽的目标。其中的创建内容有：建立健全社区人居环境建设和整治机制，推进社区基础设施绿色化，营造社区宜居环境，提高社区信息化智能化水平和培育社区绿色文化。

2. 实施

相关政府部门（发展改革、财政、国土规划、水务、环保、统计等）按照各自职责协调绿色建筑的有关事务。建设行政管理机构对城区绿色建筑的管理内容已从传统的建设工程管理扩展到绿色建筑的规划、设计、建设、验收、运营和评价等全过程，工作流程和规则也有相应的改革。建设主管部门还制定了绿色建筑的新技术、新工艺、新设备、新产品和新材料推广目录，以及限制、禁止使用落后的技术、工艺、设备、产品和材料。

目前，各地建设主管部门建立的绿色建筑建设管理平台的形式有：设立专用于绿色建筑建设信息管理系统、在原建设工程信息化管理系统中增加绿色建筑的功能模块、利用建筑能耗监测管理系统加入绿色建筑的建设信息等。这些绿色建筑建设管理平台对于规划、设计、施工、验收和评价的环节都可形成详尽的记录，但是有些地区的平台由于在运营及其评价方面的工作机制尚未建立，数据采集困难，相关功能还有待完善。

绿色建筑建设信息应包括城区范围所有绿色建筑项目的基本信息、建设单位、设计单位、施工单位、运营机构、工程进度、取得绿色建筑标识的类别和时间等。具体内容可参见本标准第6章"绿色建筑"。

😄 具体评价方式

规划阶段：为保证绿色建设目标的落实，编制城区绿色建筑建设信息管理系统的规划方案，做好顶层设计。

在规划城区绿色建筑建设信息管理系统的同时，建立城区绿色建筑管理的法规，明确绿色建筑规划、立项、设计、开工建设、竣工、使用、运行及评价等的工作程序和建设方需提交备案的资料，以保证城区绿色建筑建设信息管理系统的实现。

工程设计和建设要点：结合城区建设管理机构的工作要求，设计城区绿色建筑建设信息管理系统的功能、系统架构和平台。完成城区绿色建筑建设信息管理系统的硬件集成与软件编制，输入基础信息，进行功能测试；落实城区绿色建筑管理规定。其中，应注意城区绿色建筑建设信息管理数据库的建设，与上级主管部门的工作要求一致。

运管阶段：现场考察城区绿色建筑建设信息管理系统的运行情况，以及近期的城区绿色建筑建设统计数据。系统在运行中应不断完善功能，覆盖城区所有新建建筑和既有建筑改造的建设与运行信息，成为城区建设的重要管理工具。

城区绿色建筑建设信息管理系统的建设与运行属于政府建设主管机构的管理内容。在绿色生态城区范围与行政管辖区一致时，可直接使用行政管辖机构的系统；若绿色生态城区管理机构不具有独立的行政管辖权限时，可以利用上级系统获得相关功能与数据。

9.1.3 应建立城市或城区智慧公共交通信息平台，并正常运行。

📋 条文说明扩展

设置本条文的目的是为城区居民和企业提供实时的道路与交通信息，以方便市民出行，提高交通效率，减少燃料消耗和汽车尾气污染。鉴于城区公共交通信息平台对于绿色生态城区的交通秩序具有重要作用，故设置本条为控制项，适用于规划设计、实施运管评价。

1. 政策与标准

公共交通信息平台属于城市智慧交通的区域组成部分。《国家智慧城市（区、镇）试点指标体系（试行）》要求实行城市整体交通智慧化，包含公共交通建设、交通事故处理、电子地图应用、城市道路传感器建设和交通诱导信息应用等方面内容。

城区公共交通信息平台的规划方案应符合《道路交通管理标准体系表》GA/Z 3、《道路交通信息发布规范》GA/T 994等相关标准。

公共交通信息平台是在城市范围实行的综合性工作，地域有限的绿色生态城区通常是为城市系统的落地提供基础条件，并使用公共交通信息为区域服务。

2. 智慧交通

1）智慧交通构架

中国所有的城市都在实践"智慧交通"，但由于"智慧"是个动态的发展概念，所以智慧交通尚无严格的定义和准确的内涵。智慧交通系统的前身是智能交通系统（Intelligent Traffic Systems，ITS），曾形成过《中国ITS体系框架》，但无国家标准。通常认为智慧交通是在交通运输领域全面利用物联网、通信、空间感知、云计算、自动控制、移动互联网等信息技术，汇集交通相关信息，综合运用交通科学、系统方法、人工智能、大数据等理论与工具，对交通领域的管理、运输、公众出行等进行全过程的管控。通过系统在城市时空范围的感知、互联、分析、预测、控制等能力，保障交通安全、优化交通基础设施的资源配置、实行科学决策，提升交通系统运行效率和管理水平，为通畅的公众出行和可持续的经济发展服务。近年来随着车联网、车辆共享、基于5G的自动驾驶等新兴交通技术与模式的形成，正在不断地丰富智慧交通的内涵。

智慧交通系统方案由业务应用子系统、信息管理平台和指挥控制中心三大部分构成，图9-1为智慧交通管理系统的基本功能示意，图9-2则是智慧交通管理系统的架构。

2）智慧交通管理平台

在梳理行业应用系统和政务管理各类数据资源的基础上，制定数据标准和信息资源目录，建立综合数据库和信息共享交换平台以有效整合数据，为公众服务、企业运营和

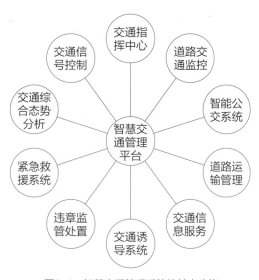

图9-1　智慧交通管理系统的基本功能

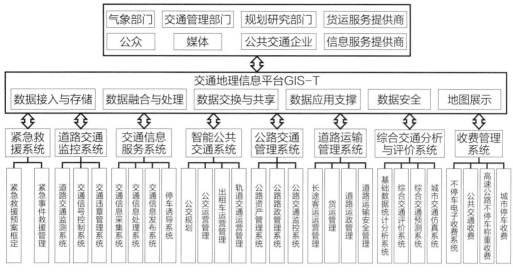

图9-2 智慧交通管理系统的架构

政府管理提供全面数据支持，实现系统内部、行业之间、与上级部门之间的数据共享交换。

平台通过实时动态信息服务体系挖掘交通运输相关数据，形成问题分析模型，进行行业资源配置优化、公共决策、行业管理和公众服务，推动交通运输安全、高效、便捷、经济、环保的运行和发展。

平台集成了地理信息、卡口、视频监控、交通信号控制、交通流检测、交通诱导、交通违章检测、交通信息采集系统、车辆卫星定位等系统，整合公路、高速、轨道交通、港航、运输等行业部门业务系统资源，实现多部门的数据共享和协同管理。

3）道路交通监控

交通视频图像监控系统通过高清视频向交通指挥人员提供路口、路段周围的车辆与行人的流量、交通治安情况等的直观信息与实时状况，为交通的日常管理和应急指挥提供可视化信息。

4）交通信号控制

交通信号控制系统根据交通流的特征来控制设备或设施（如信号机、信号灯、通信设备、各类探测器等）进行科学的交通指挥和疏导。

5）交通诱导与交通信息服务

交通诱导系统通过室外显示屏、手机APP、服务热线、广播、交通信息服务网站等信息传播媒介，向交通参与者提供道路的实时运行信息，引导和控制交通参与者的交通行为，是一种主动式的交通控制方式。

智慧停车管理系统是交通诱导信息发布系统的前端，对各级停车管理系统进行集中管控，将各类停车场运行数据采集汇聚至智慧交通管理平台，为政府、主管部门、经营单位提供远程停车监管、数据统计分析，为驾乘人员提供准确的实时信息和诱导停车等服务。

6）紧急救援与交通事故处置

公安部、卫生部的《关于建立交通事故快速抢救机制的通知》（公通字〔2002〕8号）要求各地建立交通事故快速抢救机制，实现110、120和122急救信息联动和反馈制度，切实提高交通事故现场急救能力。

7）违章监管处置

交通违法行为对行人和其他车辆带来安全危险，交通执法信息化系统采用智能电子监控手段准确地识别机动车的各种违法行为，对违法行为与过程进行自动记录和上传，通过处罚达到有效纠正交通违法行为的目的。

8）智慧公交

智慧公交以车辆定位技术为基础，整合呼叫中心、全球眼、智慧手机、NFC等技术，结合公交企业业务来加强公交营运安全管理，提升调度运力、服务质量和公交企业运营效益。它对运营车辆的异常情况和司机操作进行实行动态监控，为公交车调度提供决策支撑。在车站电子屏上显示相关线路运营公交车辆的运行状态，便于乘客有序候车。

9）道路运输管理

主要面对道路货运管理、客运管理和危险物品运输管理，实行区域运政管理，并与交通管理部门、安全监督机构和道路养护部门协调工作，对运输车辆的动态监管和纳管运输企业及车辆风险评估隐患排查，实现行政执法和综合服务信息化。

10）交通综合态势分析

交通综合态势分析系统是面向交通管理部门的综合性辅助决策平台，承担交通态势的识别、评价、预测和对策。

11）交通指挥中心

城市不能仅靠建设道路交通基础提升交通能力，还需要优化城市交通组织，发展公共交通，实行智能交通控制。远程调度和协同指挥平台集视频互联互通、大数据信息处理、实时通信控制于一体，来提升指挥响应速度，对指挥全过程进行监督和管理，突破行政区域的限制共享数据和信息。交通指挥中心以实战为核心联动控制子系统，支撑协同作战和指挥决策。

3. 智慧交通与本章条文的相关性

第9.1.3条所要求的智慧公共交通信息平台的功能，属于智慧交通管理系统的交通诱导系统、交通信息服务和智能公交系统范围。

第9.2.4条所要求的道路监控与交通管理，侧重于交通道路监控、交通信号控制、交通信息服务和交通指挥中心的功能。

第9.2.5条所要求的停车信息化管理，属于交通诱导系统和交通信息服务范围。

4. 实施情况

从已完成绿色生态城区评审的项目情况来看，各城区基本上都是直接使用由城市建设与运行管理的智慧/智能交通系统，或将城市系统延伸到城区建立分指挥系统来实现，并且都能满足本标准的要求。

⋯ 具体评价方式

规划阶段：规划并编制公共交通信息平台方案，从城市及区域的道路监控与交通管理系统获得道路与交通信息、停车场/库运行信息、公共交通工具运行信息等，利用道路显示屏、专业网站、移动终端、广播电视等媒体，向公众发布。

由于公共交通信息平台是一项城市运行的基础工作，城区的公共交通信息平台不可能是一个独立系统，因此绿色生态城区的公共交通信息平台方案必须受上级审查，并符合整个城市的交通管理规定。

工程设计和建设要点：应按国家相关标准与上级要求和通过审定的专项规划，设计建设城区公共交通信息平台。为能全面反映城区的道路与交通信息、停车场/库运行信息、公共交通工具运行信息等，城区公共交通信息平台必须与城区道路监控与交通管理系统、城市公共交通服务企业的业务系统、城区停车信息管理系统对接，利用道路显示屏、公交站点显示屏、专业网站、移动终端、广播电视等媒体，及时向公众发布交通信息。

设计城区公共交通信息平台功能的同时，必须合理科学布置道路显示屏位置。城区公共交通信息平台应能利用积累的监测数据，分析城区的交通态势，及时向公众提供优选的出行方式和路线。对异常情况和拥堵区域进行通告，保证城区交通的畅通和安全。

由于公共交通信息平台涉及交通管理机构、城市管理机构、城市公共交通服务企业、停车管理机构，平台应汇集这些部门的运行信息，同时制定城区公共交通信息平台的管理规定，协调政府和业务机构的工作。公共交通信息对社会影响大，因此必须对发布的信息严格审查，并具备足够的信息安全措施。

交通管理机构、城市管理机构、城市公共交通服务企业业务、停车管理业务等具有相对的独立性，各运行信息管理系统的技术方案可能因上级业务系统的要求而有差异，公共交通信息平台应能与这些系统有效对接。

运营阶段：现场考察城区公共交通信息平台的建设和运行情况。城区所设置电子显示屏、电子公交站台显示屏等装置应定期维护，以保持各类显示信息的有效性。公共交通信息平台应能存储获得的数据和图像，自动统计分析城区的交通态势，通告异常情况和拥堵区域，为公众提供优选的出行方式和路线。

为保证城区公共交通信息平台长期稳定运行，绿色生态城区的相关的管理规定必须得到严格的执行。

城区范围与行政管辖区一致时，可直接使用行政管辖机构的系统；如城区管理机构不具有独立的行政管辖权限时，可以利用上级系统获得相关功能与数据。

9.2 评分项

Ⅰ 城区管理

9.2.1 建立城区公共安全系统，并实行消防监管，评价总分值为14分，应按下列规则分别评分并累计：

1 城区具有公共安全系统，得7分；

2 城区具有消防监管系统，得6分；

3 城区具有综合应急指挥调度系统，得1分。

📄 条文说明扩展

设置本条文是要求建设城区公共安全系统，保障绿色生态城区的运行安全，并具备应对各类突发事件的能力。鉴于公共安全防范、消防监管和综合应急指挥调度对绿色生态城区运营的重要作用，故设置本条文为评分项，适用于规划设计、实施运管评价。

绿色生态城区的公共安全是头等重要的主题，应按平安城市规定建立公共安全系统，对区内的住区、公共建筑、企业、街区及道路的进行监控，接受基层的报警，实现日常管理、防灾指挥和应急处置。城区公共安全系统平台应与城市公共安全系统对接。

1. 政策与标准

公安部提出"3111工程"即平安城市应设有综合管理信息公共服务平台，整合城市内视频监控系统、数字化城市管理系统、道路交通等多个系统，通过视频监控系统采集前端数据并传输到市、区的指挥调度中心。目前平安城市工程已覆盖了我国的一、二、三线城市，并进一步推进"雪亮工程"。

城区平台和基层系统应均符合且不限于下列标准规范:《安全防范视频监控联网系统信息传输、交换、控制技术要求》GB/T 28181—2011、《公共安全视频监控数字视音频编解码技术要求》GB/T 25724—2017和《城市消防远程监控系统技术规范》GB 50440—2007等。

消防监管属广义的城市公共安全系统，但是由于目前国内消防监管体制的特殊性，并考虑评价工作的可操作性，条文作了细分处理。城区应建立消防监管系统对居住区、公共建筑、工业建筑等实行监管，接受基层的报警，实现日常监管和灭火指挥。城区消防监管系统应与城市消防监管系统对接并符合《建设工程消防监督管理规定》(公安部令第106号)。

《国家智慧城市(区、镇)试点指标体系(试行)》要求实施"智慧应急"，加强城市智慧应急的建设，包含应急救援物资建设、应急反应机制、应急响应体系、灾害预警能力、防灾减灾能力、应急指挥系统等方面。

2. 公共安全管理

在我国加快城市化进程的同时,风险隐患日益增多。城市的公共安全是经济与社会发展的前提,城市的精细化管理需要公共安全保障。广义的公共安全涉及社会的各个领域,如图9-3所示。本条文的"公共安全"则是特指其中的城市安全、自然灾害、事故灾难、生产安全、社会安全事件。

图9-3 公共安全涉及的社会领域

公共安全管理是行政机关维护社会秩序,保障公民的合法权益,支持社会正常运行的职能,具体包括日常监管和针对各种重大突发事件、事故和灾害的预防监测、应急处置救援等环节。

公共安全系统运用计算机网络、通信、测控、地理信息系统、图像采集和处理、定位跟踪和多媒体等现代技术构建管理与指挥平台,具有全面监控、信息共享、快速响应的功能,是提供科学的管理流程、应急预案体系和信息化指挥调度手段。

由于现行体制的原因,消防监管系统的建设和运行是独立的,只有在应急管理平台上才可以实行协调管控和指挥。消防监管系统是消防部队的作战系统,由城市消防局统一建设管理,当城区设有综合应急指挥调度系统时,由城市消防监管系统提供火情信息,城区配合行动。城区的公共安全防范系统是公安干警的作战系统,由城市统一建设,城市公安部门掌控,城区可以根据区域管理的需要从上级接入公共安全防范系统的相关图像和报警信息,就地监控。

在智慧城市的系统架构中,公共安全防范系统、消防监管系统和综合应急指挥调度平台都是基本的组成部分,所以,与本条文评价内容相关的系统建设和运行的费用,并不属于城区对绿色生态的投入。

😀 具体评价方式

规划阶段:为保证城区公共安全目标的落实,编制城区公共安全防范系统、消防监管系统和城区综合应急指挥调度系统的规划,做好顶层设计。

城区应按平安城市规定来规划公共安全防范系统、消防监管系统和城区综合应急指挥调度系统,对城区的住区、公共建筑、企业、街区及道路等进行监控,受理基层的报警,实现日常管理、防灾指挥和应急处置;对城区的住区、公共建筑、企业进行火情监控和消防管理,处置火灾事故;城区综合应急指挥调度系统集成公共安全防范系统和消防监管系统,并与城市公共安全系统对接。

规划内容应包括城区平台和基层系统的建设运行的体制和机制，制定城区公共安全防范系统、消防监管系统和城区综合应急指挥调度系统的管理规定。

规划阶段审核城区的公共安全系统、消防监管系统和综合应急指挥调度系统的规划方案，城区具有公共安全系统，得7分；具有消防监管系统，得6分；具有综合应急指挥调度系统，得1分。

工程设计和建设要点：按国家相关标准与上级要求和通过审定的专项规划，设计并建设城区的公共安全防范系统、消防监管系统和城区综合应急指挥调度系统，从城区平台到基层系统、平台和基层的对接到平台和上级城市的对接，各个环节均需落实到位。

运管阶段：现场考察城区公共安全防范系统、消防监管系统和城区综合应急指挥调度系统的建设和运行情况后给予评分。系统功能应符合规划要求，运行可靠稳定，运行数据完整，对突发事件能及时处置。严格执行管理制度，能有力支撑绿色生态城区运营。

按规划完成公共安全系统建设，得5分；公共安全系统正常运行，得2分；完成消防监管系统建设，得4分；消防监管系统正常运行，得2分；完成城区综合应急指挥调度系统的建设，得1分。

在城区范围与行政管辖区一致时，可直接使用公安与消防机构的系统。若绿色生态城区管理机构不具有独立的行政管辖权限时，可以利用上级系统进行监控管理。

9.2.2 城区实行环境监测信息化，并具备与城市环境监测信息系统对接的功能，评价分值为14分。

📋 条文说明扩展

设置本条文是要求对城区的大气、水体、土壤、噪声等的环境污染情况进行实时监测，通过监测数据分析城区的环境态势，以保证环境安全。鉴于环境监测数据直接反映绿色生态城区的运营实效，故设置本条文为评分项，适用于规划设计、实施运管评价。

环境监测系统对城区的环境进行实时监测，分析城区的环境态势，并应与城市环境监测系统对接。

1. 政策和标准

《国家智慧城市（区、镇）试点指标体系（试行）》中"智慧环保"工作要求是指城市环境、生态智慧化管理与服务的建设，包含空气质量监测与服务、地表水环境质量监测与服务、环境噪声监测与服务、污染源监控、城市饮用水环境等方面的建设。

系统应符合且不限于下列相关国家与行业标准规范：《环境空气质量标准》GB 3905、《环境空气气态污染物（SO_2、NO_2、O_3、CO）连续自动监测系统安装验收技术规范》HJ 193、《环境空气气态污染物（SO_2、NO_2、O_3、CO）连续自动监测系统技术要求及检测方法》HJ 654、《水污染源在线监测系统验收技术规范》HJ/T 354、《生活垃圾卫生填埋场环境监测技术要求》GB/T 18772、《环境空气质量监测点位布设技术规范》HJ 664、《环境空气颗粒物（PM_{10}和$PM_{2.5}$）连续自动监测系统安装和验收技术规范》HJ 655、《环境空气颗粒物（PM_{10}和$PM_{2.5}$）连续自动监测系统技术要求及检测方法》HJ 653及《环境噪声自动监测系统技术要求》HJ 907等。

2. 城市环境监测

现代工农业生产、交通运输和人类生活的过程中都会产生各种有害物质，有些未经处理被直接排放到大气和水土环境中，形成了城市环境的污染。为了防治环境污染，掌握区域污染的时空态势和变化趋势，追溯与判断污染来源，监管污染物扩散趋势，必须设立城市综合环境监测系统，为环境执法和决策提供依据。

城市综合环境监测系统由若干个监测子系统和一个中心监测数据管理平台组成。在监测目标区域（污染区、自净区和对照区）、不同功能区（如工业区、商业区、居民区等）和某些特殊位置（如自然保护区、饮用水源）设立监测子系统，各监测子系统自动进行监测，采集得到的数据经预处理和信息传输，汇集到中心监测数据管理平台进行处理、统计和显示，并向城市环境保护行政主管部门报告环境质量状况和向社会发布环境质量信息。城市环境的监测一般可分为大气、水体和土壤，分别进行专业检测，系统在监测的同时，还可对远程的污染治理设备进行控制。

大气质量的自动监测站内仪器测定气象参数（如气温、气压、风向、风速、湿度及日照等）和空气污染物（如SO_2、NO_x、CO、O_3、TSP、PM_{10}、$PM_{2.5}$和总烃等），根据不同的监测对象确定采样的周期和频率。必要时还需检测有毒有害气体（苯、甲苯、二甲苯等苯系物、非甲烷烃、硫化氢、氨、氯气等）。

水污染监测对公共水域或污染源的水污染状况进行监视，为决策提供数据支持。水污染监测方式有人工监测（采集水样送实验室检测）和自动监测，自动监测系统则将传感器与采样器直接安装在对生产、生活有重要影响的水体。水污染监测必须能快速响应居民的饮水安全事件，最大限度地保证人民健康。水体的自动监测站内则通常设有测定水温、pH、电导率、溶解氧、浊度、TOC、COD、总氮、氨氮、总磷及相关的水文、气象参数（如流量、流速、水深、气温、风向、风速、雨量等）的仪器。

土壤是经济社会可持续发展的物质基础，土壤环境是国家生态安全的重要内容。2016年国务院印发的《土壤污染防治行动计划》（又称"土十条"），从十个方面提出了"硬任务"，其中第一条就是："开展土壤污染调查，掌握土壤环境质量状况。""（二）建设土壤环境质量监测网络……2020年底前实现土壤环境质量监测点位所有县、市、区全覆盖。""（三）提升土壤环境信息化管理水平。"

环境是个大系统，土壤监测要与大气、水体和生物监测相结合才能全面客观地反映实际。我国土壤常规监测项目中的金属化合物有镉、铬、铜、汞、铅、锌；非金属无机化合物有砷、氰化物、氟化物、硫化物等；有机化合物有苯并（a）芘、三氯乙醛、油类、挥发酚、DDT、六六六等。大多数土壤监测项目由间接方法实现，当雨水渗透土壤溶解污染物后，对水污染物的测试数值反映了土壤的污染。

城市综合环境监测系统针对污染监控点、环境质量评价点、环境质量对照点和环境质量背景点的环境进行监测、对比分析和校准，基于GIS进行监测数据的筛查、校准、统计分析，生成环境污染的时空动态趋势图（图9-4），通过时空动态变化趋势分析来判断污染来源，追溯污染物扩散趋势，监管污染源。

图9-4　城市综合环境监测系统的可视化界面

系统基于获得的数据进行环境风险评估和分级，编制城市环境突发事件应急预案，建立环境突发事件的应急指挥运行机制，为城区环境的预警、执法、决策、日常管理和抢险应急指挥提供准确、全面的科学数据，并使市民了解身处环境的状态。

3. 与本条文相关的说明

城市综合环境监测系统涉及大气、水体和土壤的专业检测，检测的项目繁多，而且各地的环境污染源、污染情况、行政体制、产业类型和经济条件都有很大的差别，因此在检测点的分布密度和检测项目的内容上，本标准不作规定，只是要求按照国家规定设立有大气、水体和土壤的检测系统。具体是三个系统的数据分别呈现，还是一个平台接入三个系统进行统一管理，均是可行、合理的。

环境监测是每个城市运行的基础工作，智慧城市把智慧环境作为重要的子系统，因此绿色生态城区的环境信息化管理要求也仅是顺理成章而已。

当城市环境监测系统尚未覆盖新建城区时，应按城市发展规划要求和绿色生态城区要求，进行布局建设。若城市环境监测系统已建立且较完善时，绿色生态城区环境监测系统可以是城市系统的局部子系统。

😃 具体评价方式

规划阶段：城区应规划建设环境监测系统，对区内的大气、水体、土壤、噪声等的污染情况进行全面实时的监测，积累监测数据，用于分析城区的环境态势，保证城区的环境安全。

为保证城区环境监测的落实，应遵守相关国家与行业的标准规范，编制城区环境监测系统的规划，做好顶层设计。由于此项工作涉及监测内容较多，需全面规划，并同时对实施建设和运行管理的体制与机制进行规划。

规划阶段审核城区环境监测系统的规划方案给予评分，大气、水体、土壤和噪声的监测系统齐全，得14分，每缺少一类减3.5分。

工程设计和建设要点：按国家相关标准与上级要求和通过审定的专项规划设计建设城区环境监测系统，为能全面监测城区的大气、水体、土壤、噪声等的污染情况，必须合理科学布置监测参数和监测点位置，环境监测平台应能积累监测数据，分析城区的环境态势。

制定城区环境监测系统的管理规定，协调政府和环保专业机构的工作。

运管阶段：现场考察城区环境监测系统的建设和运行情况后给予评分。所设置的大气、水体、土壤、噪声等的监测装置需定期维护标定，以保证环境监测数据的准确性。环境监测平台应能自动进行统计分析，发现超标的污染参量和区域及时进行告警，为政府掌控绿色生态环境的运行态势提供有效支撑。有条件的区域，可以向公众发布部分环境监测数据。为保证环境监测系统长期稳定运行，绿色生态城区的相关管理规定必须得到严格的执行。

完成环境监测信息系统建设，得4分；大气、水体、土壤和噪声的监测数据齐全，得10分，每缺少一类减2.5分。

城区范围与行政管辖区一致时，可直接使用环保机构的系统。若绿色生态城区管理机构不具有独立的行政管辖权限时，可以利用上级系统获得相关功能与数据。

9.2.3 城区实行水务信息管理，并具备与城市水务信息管理系统对接的功能，评价分值为14分。

📋 条文说明扩展

设置本条是要求对城区的供水、雨水、污水、河道水等的水情和处理设施运行情况进行实时监测，积累监测数据，分析城区的水情态势，以保证城区的用水和排水的安全。鉴于水务信息管理系统关系到绿色生态城区的运行安全，故设置本条为评分项，适用于规划设计、实施运管评价。

1. 政策和标准

住房和城乡建设部《海绵城市建设技术指南——低影响开发雨水系统构建（试行）》的第六章"维护管理"第一节基本要求提出"（5）应加强低影响开发设施数据库的建立与信息技术应用，通过数字化信息技术手段，进行科学规划、设计，并为低影响开发雨水系统建设与运行提供科学支撑"。

《国家智慧城市（区、镇）试点指标体系（试行）》要求利用信息技术手段对从水源地监测到龙头水管理的整个供水过程实现实时监测管理，制定合理的信息公示制度，保障居民用水安全。对生活、工业污水排放，城市雨水收集、疏导等方面的排水系统设施建设情况，提升其整体功能的发展。

系统应符合且不限于下列相关的国家与行业标准规范：《城镇供水管理信息系统 供水水质指标分类与编码》CJ/T 474—2015、《城镇排水自动监测系统技术要求》CJ/T 252—2011、《城市排水防涝设施数据采集与维护技术规范》GB/T 51187—2016等。

2. 水务信息管理

水是人类生活的源泉，也是城市发展的基础条件，水资源的监管和治理成为城市管理的重要事务。城市的水务管理涉及自来水生产、供水、雨污水的排放、城市污水处理、河湖水、防汛等，各项业务都有专业机构建设各自的管理信息系统。随着城市规模的不断扩大和各水务机构运营要求的提高，需要设立水务信息管理平台，实行水务信息的共享和各水务子系统的协同运行。水务信息管理实际上分为两个层面，底层是各专业机构的业务管理信息系统，上层则是城市对水务实行统一运行指挥的水务信息管理平台，二者合成常被称为"智慧水务"。

水务管理信息系统采集雨量、水位、流量、流速、压力、视频图像（水源地、水处理设备等）、气象、水质（COD、BOD、TOC、DOC、NO_3、NO_2、NH_4、Cl_2^+、浊度、色度、pH、ORP、电导率、溶解氧、总磷、总氮等）等检测数据，全面感知城市的水环境。在实时监测饮用水的物化、生物等水质指标的同时，对检测设备进行远程监控，以发现并处理水厂和水源的污染事件，及时预警预报水质污染事故，确保城市供水安全。

系统整合各相关部门及其所管控的供排水设施，实现水务系统生产和服务的精细化管理。水务信息管理平台通过云计算、大数据等技术提供智能感知、智能仿真、智能诊断、智能预警、智能调度、智能处置、智能控制和智能服务，利用实时水务数据和各类专业模型描述城市水务的时空态势与趋势，为政府提供日常管理和应急指挥的手段。

水务信息管理平台汇集各水务企事业单位的信息资源，对江河湖海和城区易涝点进行实时监控，构建整合水雨情、水资源、气象、基础工情、供水水质、污水水质、水土保持、政务信息等的水务基础数据库，对接城市大数据中心的水务数据和视频资源，建立跨部门、跨层级、跨区域的统一决策指挥、协同运作体系，实现水务综合管理和防汛防台指挥的联勤联动。

3. 与本条文相关的说明

水资源、水环境、供水安全、洪涝旱抗灾等对于绿色生态城区具有重大的影响，虽然水务信息管理系统在绿色生态城区运行中起着重要的作用，但是由于各地水务相关机构情况有很大的差别，仅就自来水厂和污水处理厂而言就有国企、民营、外资、合资等多种形式，在体制与机制上没有条件能保证水务信息的共享，大多数地区"智慧水务"只能是部分实现。

国家"智慧城市"工作要求各级政府建立水务信息管理平台承担城市水务的日常管理与水务灾情的应急指挥职能，这个平台可能是专门建设的系统，也可以是城市防灾指挥中心的一个子系统或一个功能模块。对于城区来说，不太可能整合水务业务资源自行建设水务信息管理系统，通常是依托城市系统的功能，共享与城区相关的水务日常管理信息和配合执行城市水务灾情应急指挥的命令。

😊 具体评价方式

规划阶段：城区的水务信息管理系统应能掌控区内的供水质量、水源地水质、供水管网状态、雨污水的排水量和水质，以及河道水情和管网运行情况，对供水、雨水、污水、河道水等的水情和处理设施运行情况进行全面的监测，积累监测数据，分析城区的水务态势，以保证城区的用水和排水的安全，并与城市水务信息管理系统对接。

为保证城区水务信息管理的落实，应遵守相关国家与行业的标准规范，编制城区水务信息管理系统的规划，做好顶层设计。鉴于水务管理业务隶属于自来水、排水和河道管理多个部门，规划时应注意协调衔接各自的专项规划，实现统一管理。同时应对实施建设和运行管理的体制与机制进行规划。

规划阶段审核城区水务信息管理系统的规划方案，设有供水、雨水、污水、河道水的信息管理系统和水务信息管理平台，得14分，每缺少1项核减2.8分。

工程设计和建设要点：按国家相关标准与上级要求和通过审定的专项规划来设计建设城区水务信息管理系统，为能全面监测城区的供水、雨水、污水、河道水情等的水情和处理设施运行情况，必须合理科学布置监测参数和监测点位置。水务信息管理平台能积累监测数据，以供分析城区的供水管网漏损率、洪涝线等水务态势，对异常情况和区域进行告警，保证城区的用水和排水的安全。城区建有自来水厂、再生水处理厂、排水泵站时，其运行信息应接入城区水务信息管理系统。

制定城区水务信息管理系统的管理规定，并在实施过程中协调政府和业务机构的工作。

应注意供水、雨水、污水、河道水管理机构业务的相对独立性，各个运行信息管理系统的技术方案可能因上级业务系统的要求而有差异，城区水务信息管理平台应能与这些系统有效对接。

运管阶段：现场考察城区水务信息管理系统的建设和运行情况后给予评分。城区所设置的供水、雨水、污水、河道水等的监测装置需定期维护标定，以保证水情监测数据的准确性。水务信息管理平台能积累监测数据，自动进行统计分析，发现异常水情和区域及时进行告警，为政府保证城区的水务安全，掌控水务系统运行态势提供有效支撑。在有条件的区域，可以向公众发布部分水务监测数据。

为保证水务信息管理系统长期稳定运行，相关管理规定必须得到严格的执行。

完成供水、雨水、污水、河道水的信息管理系统和水务信息管理平台的建设且正常运行得14分，有1项未实现核减2.8分。

城区范围与行政管辖区一致时，可直接使用行政机构的系统。若绿色生态城区管理机构不具有独立的行政管辖权限时，可以利用上级系统获得相关功能与数据。

9.2.4 城区实行道路监控与交通管理，并具备与城市道路监控与交通管理系统对接的功能，评价分值为12分。

📃 条文说明扩展

设置本条是要求以智慧方式对城区道路实行监控与交通管理，以提高交通效率，使市民出行畅通，减少燃料消耗和汽车尾气污染。鉴于道路监控与交通管理系统对于绿色生态城区的环境和秩序具有重要作用，故设置本条文为评分项，适用于规划设计、实施运管评价。

城区的道路监控与交通管理信息系统是绿色交通的重要组成部分，由于交通是个广域的大系统，所以城区的道路监控与交通管理信息系统应与城市的道路监控及交通管理信息系统对接。

1. 政策和标准

《国家智慧城市（区、镇）试点指标体系（试行）》要求智能交通实行城市整体交通智慧化，包含公共交通建设、交通事故处理、电子地图应用、城市道路传感器建设和交通诱导信息应用等方面。

城区的道路监控与交通管理系统方案应符合且不限于《道路交通管理标准体系表》GA/Z 3、交通运输部《智慧交通让出行更便捷行动方案（2017—2020年）》等相关标准。

2. 道路监控与交通管理

具体参见第9.1.3条的【条文说明扩展】中"2. 智慧交通"的相关内容。

道路监控和交通管理是在城市范围实行的综合性工作，地域有限的绿色生态城区的道路监控和交通管理应为城市系统的落地提供基础条件，是城市系统的区域子系统。

💬 具体评价方式

规划阶段：规划并编制城区的道路监控与交通管理系统方案，应与城市及周边区域的道路监控与交通管理系统相协调。

道路监控与交通管理是城市运行的基础工作，城区的道路与交通不是封闭和独立的，因此城区的道路监控与交通管理系统方案必须符合整个城市的管理规定。

规划阶段审核城区道路监控与交通管理信息系统的规划方案后给予评分，道路监控与交通管理系统内容完整，得12分；有技术特色，得2分。

工程设计和建设要点：按国家相关标准与上级要求和通过审定的专项规划来设计建设城区道路监控与交通管理系统时，为能全面监控管理城区的道路交通与交通设施，必须合理科学布置监测内容和监测点位置，建设的道路监控与交通管理平台应能积累监测数据，分析城区的交通态势，发现异常情况及时告警，保证城区交通的畅通和安全。

道路监控与交通管理平台应汇集交通管理机构、城市管理机构、城市公共交通服务企业等的运行信息，进行常态管理和应急处置，制定城区道路监控与交通管理系统的管理规定，协调政府和业务机构的工作。

交通管理机构、城市管理机构、城市公共交通服务企业的业务具有独立性，它们的运行信息管理系统的技术方案可能因上级业务系统的要求而有差异，但这些机构的信息管理系统应能与道路监控与交通管理平台有效对接。

运管阶段：现场考察城区道路监控与交通管理系统的建设和运行情况后给予评分。城区所设置的视频摄像机、电子显示屏、电子公交站台显示屏等装置应定期维护，以保持监控图像的清晰度和各类显示屏的有效性。道路监控与交通管理平台应能存储监测数据和图像，自动进行统计分析，发现异常告警，为保证城区交通安全和掌控交通态势提供有效支撑。

为保证城区道路监控与交通管理系统长期稳定运行，绿色生态城区的相关的管理规定必须得到严格地执行。

城区按照规划方案完成道路监控与交通管理信息系统建设，得10分；道路监控与交通管理信息系统正常运行，得4分。

城区范围与行政管辖区一致时，可直接使用交通管理机构的系统。若绿色生态城区管理机构不具有独立的行政管辖权限时，可以利用上级系统获得相关功能与数据。

9.2.5 城区实行停车信息化管理，并具备与城市停车信息化管理系统对接的功能，评价分值为5分。

📋 条文说明扩展

设置本条文是要求对城区实行停车场/库运行信息的管理，有效利用城区的交通基础设施资源，提高交通效率，减少无效行驶的燃料消耗和汽车尾气污染。鉴于城区停车信息化管理系统对于绿色生态城区的节能与环境保护具有重要作用，故设置本条文为评分项，适用于规划设计、实施运管评价。

城区的停车场/库是城区的静态交通设施，也是城区智慧交通的重要组成部分，城区停车管理信息系统应与城市的停车管理信息系统对接。

1. 政策和标准

2019年公安部办公厅和住房和城乡建设部联合发布的《关于加强和改进城市停车管理工作的指导意见》（公交管〔2019〕345号）要求"立足城市交通发展战略，围绕建设规范、停车有序、安全便民的停车管理目标，紧密结合城市道路交通文明畅通提升行动计划、创建绿色交通示范城市等工作","加快推进停车及充电基础设施建设，盘活现有泊位资源，创新停车信息化应用，强化重点区域泊位管理，充分发挥城市社区作用，打造共建共治共享的管理工作格局，着力提升城市停车管理的现代化水平，促进城市交通与经济社会的协调发展"。

城区停车信息化管理系统方案应符合且不限于《停车服务与管理信息系统通用技术条件》GA/T 1302—2016、《城市停车规划规范》GB/T 51149—2016等相关标准。

2. 停车信息管理

停车信息管理系统是城市道路监控与交通管理系统的子系统，作用重要，但是其建设与运行具有一定的难度。为把城区主要停车场所的停车管理系统联网到城区停车信息管理平台，既要解决异构系统（如地面停车场、地下停车库、路边停车场、立体停车库等管理系统）对接的技术问题，还要协调不同体制下管理机构的利益。为了保证停车信息管理平台能够实时获得区域内准确的停车场/库运行数据，底层的停车信息管理系统必须工作正常，通信链路畅通，车辆传感器应有良好维护确保信息采集。

具体可参见第9.1.3条的【条文说明扩展】中"2. 智慧交通"的相关内容。

😐 具体评价方式

规划阶段：城区管理机构应当会同城市规划等行政主管部门，依据城市总体规划和城市综合交通体系规划，结合城区建设发展和道路交通安全管理的需要，组织编制停车信息化管理专项规划。

停车信息化管理是城市运行的基础工作，城区的停车管理不可能独立于城市，因此城区的停车信息化管理系统方案必须符合整个城市的管理规定。

在高密度城区并实行严格道路交通管理的区域，必须建设城市停车信息管理系统。在车流量较低的新建城区，由于停车资源相对充裕，对停车信息管理系统的需求可能并不急迫，可以缓建系统，但应做好规划，以便在城市发展到一定的阶段时启动建设。

规划阶段审核城区停车管理系统方案，方案合理完整，得5分。

工程设计和建设要点：按国家相关标准与上级要求和通过审定的专项规划来设计建设城区停车信息化管理系统，系统必须与区内规划建设的公共停车场、社会停车场实行对接，实时监测区内所有停车资源的运行情况，系统应积累监测数据，分析停车资源的使用情况，向交通信息发布系统提供信息，以使城区停车资源得到有效使用。

城区停车信息化管理系统受城市与城区的道路监控与交通管理平台监管，需要保证停车信息的准确上传。

制定城区停车信息化管理系统的管理规定，以协调政府和业务机构的工作。

运管阶段：现场考察城区停车信息化管理系统的建设和运行情况后给予评分。城区所建设的公共停车场、社会停车场的停车管理系统应维护良好，通信接口工作正常，并可以实时准确地向城区停车信息化管理系统上传运行信息。城区停车信息化管理平台应能存储数据，自动进行统计分析城区停车资源的使用情况，向交通信息发布系统提供信息。

为保证停车信息化管理系统长期稳定运行，绿色生态城区的相关的管理规定必须得到严格的执行。

完成城区停车管理信息系统建设，并建立管理规定，得3分。停车管理信息系统正常运行，得2分。

城区范围与行政管辖区一致时，可直接使用交通管理机构的城市停车信息管理系统。若绿色生态城区管理机构不具有独立的行政管辖权限时，可以利用上级系统功能并获得相关数据。若城市尚无停车信息管理系统，可自行建设城区停车管理系统。

9.2.6 城区实行市容卫生信息化管理，评价分值为12分。

📋 条文说明扩展

设置本条文的目的是按照国务院《城市市容和环境卫生管理条例》要求对城区的街区保洁、街道公共设施、集贸市场、建设工地、粪便与垃圾的收集运输和处理等进行数据收集和实时监管，通过运行数据分析城区的市容卫生状况，保障城区的运行环境。鉴于市容卫生信息管理系统对绿色生态城区运营的重要作用，故设置本条文为评分项，适用于规划设计、实施运管评价。

1. 政策和标准

市容环境卫生是城市管理的主要内容，因此《国家智慧城市（区、镇）试点指标体系（试行）》要求在城市功能提升中有效管理垃圾分类与处理，利用现代信息技术手段提升社区垃圾分类的普及情况，以及垃圾无害化处理能力。城区市容卫生信息管理系统应与城市市容卫生信息管理系统对接。

规划设计应符合的相关国家与行业标准规范至少且不限于有：《市容环境卫生术语标准》CJJ/T 65—2004、《国家卫生城市标准（2014版）》（全爱卫发〔2014〕3号）、《城市市容和环境卫生管理条例》2017版（国务院令第676号）和《数字化城市管理信息系统》GB/T 30428.1-6—2017等。

2. 数字城管

市容卫生管理信息系统是数字化城市管理信息系统（以下简称"数字城管"）的主要组成部分。

数字城管综合运用信息技术，以数字地图为基础，汇聚市政设施及社区服务的多种数据资源，通过多部门信息共享、协同工作，来实现沟通快捷、责任到位、处置及时、运转高效的城市管理和公共服务监督，提高城市管理和政府公共服务水平。随着物联网、云计算、大数据及人工智能等新一代信息技术的发展，数字城管逐步演变为智慧城管，通过全面透彻的感知、宽带泛在互联、智能融合应用，构建感知、分析、服务、指挥、监察"五位一体"的城管物联网平台，正在重塑政府管理的形态。

数字城管运用数字基础资源、多维信息采集、协同工作处置、智能督查考评、预警决策分析等手段，对市容环境卫生、道路交通秩序、市政管理、城市供水管理、园林绿化管理、环境保护管理、施工现场管理、城市河湖管理等各方面实行监管。图9-5为数字城管平台架构示意图。

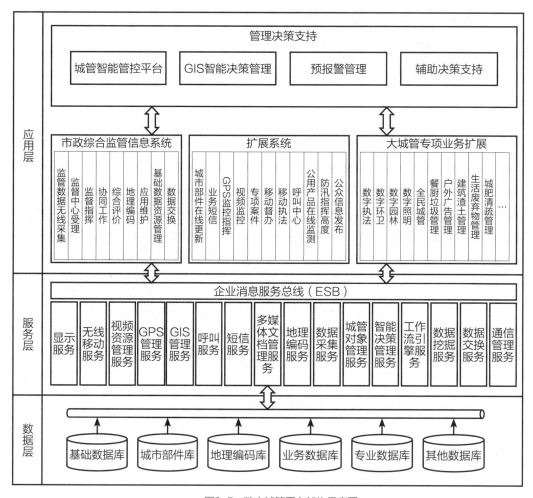

图9-5 数字城管平台架构示意图

💬 **具体评价方式**

规划阶段：规划的城区市容卫生信息管理系统方案应能对区内的街区保洁、街道公共设施、集贸市场、建设工地、粪便与垃圾收集运输和处理等进行数据收集和实时监管，通过运行数据分析城区的市容卫生状况。

为保证城区市容卫生管理目标的落实，应遵守相关国家与行业的标准规范，编制城区市容卫生信息化管理系统的规划，做好顶层设计。由于市容卫生管理业务深入到城区的基层单位，规划时应注意协调衔接各方的专项规划，实现统一管理。同时应建立建设和运行管理的体制与机制。

市容卫生信息管理系统的规划方案完整得10分，具有属地特色得2分。

工程设计和建设要点：按国家相关标准与上级要求和通过审定的专项规划来设计、建设城区市容卫生信息化管理系统，为能全面监测城区市容卫生设施的运行情况，必须科学合理地设置监测点及其参数，明确市容卫生管理业务的运行数据收集方式。

若绿色生态城区建有垃圾填埋场、垃圾焚烧厂等时，这些设施的运行信息应接入城区市容卫生信息管理系统。

制定城区市容卫生信息管理系统的管理规定，协调政府和业务机构的工作。

市容卫生信息管理系统的技术方案可能因上级业务系统的要求而有差异，城区市容卫生信息管理平台应能与这些系统有效对接。

运管阶段：现场考察城区市容卫生环境管理系统的建设和运行情况后给予评分。对城区所设置的街区保洁、街道公共设施、集贸市场、建设工地、粪便与垃圾收集运输和处理等设施的监测装置有定期维护标定的记录，以保持市容卫生监测数据的准确性。市容卫生信息管理平台应能积累监测数据，追溯市容卫生管理业务运行制度的执行情况，自动分析城区的市容卫生环境态势，发现异常情况和区域及时告警，管理城区的市容卫生环境。

为保证市容卫生管理系统长期稳定运行，绿色生态城区的相关的管理规定必须得到严格的执行。有条件的区域，可以向公众发布部分市容卫生环境监测数据。

按照市容卫生管理信息系统的规划方案，完成系统建设，得8分；系统正常运行，得4分。

城区范围与行政管辖区一致时，直接使用城市市容卫生管理机构的市容卫生管理信息系统。若绿色生态城区管理机构不具有独立的行政管辖权限时，可以利用上级系统获得相关数据与管理功能。

9.2.7 城区实行园林绿地信息化管理，评价分值为7分。

📖 条文说明扩展

设置本条文是要求对城区园林绿地的现状信息、工程建设、日常养护、责任企业等进行管理，通过运行数据分析和异常情况处置来保证城区园林绿地的运行安全。鉴于园林绿地信息管理系统是绿色生态城区运营管理的重要内容，故设置本条文为评分项，适用于规划设计、实施运管评价。

城区园林绿地信息管理系统应与城市园林绿地信息管理系统对接。

1. 政策和标准

根据国务院《城市绿化条例》(国务院令第100号)和《关于加强城市绿化建设的通知》(国发〔2001〕20号)的工作要求，运用地理信息系统(GIS)、遥感(RS)、全球定位(GPS)、测绘、计算机、数据库、网络等现代信息技术，建立以空间数据库为基础的园林绿地信息管理平台，通过数据资源的共享和智能化决策支持，实现城市园林绿地规划设计、建设施工和管理养护全过程的数字化、可视化、精细化和智能化，提高园林维护和管理的效率。

《国家智慧城市(区、镇)试点指标体系(试行)》要求通过遥感等先进技术手段的应用，提升园林绿化的监测和管理水平，提升城市园林绿化水平。

城区园林绿地信息管理系统规划应符合的相关国家与行业标准规范至少且不限于有：《城市园林绿化评价标准》GB/T 50563、《城市园林绿化监督管理信息系统工程技术标准》CJJ/T 302等。

2. 园林绿地信息管理

园林绿化是城市可持续发展的生态屏障，市域林带、城市林区、森林公园或自然保护区，以及防护林等城市生态公益林构成了"城市绿色生态圈"。传统的园林绿化管理方式因信息种类繁多、数量大、信息点分散，已经不适应现代城市的生态理念和园林绿化规模，不能满足市民对生态环境的需要。把信息技术与园林建设管理紧密结合，可以整合人财物资源，协调各方面的工作，全面整合和关联全市各类园林绿化数据、运营状态与地理空间信息，使城市绿化的"家底"数据可视化，便于各种业务的查询、统计和分析，从而找出隐藏在数据背后的深层次问题和规律，以此提高城市绿化工作的科学化、精细化和现代化管理水平。

园林绿地管理信息系统在实时监控城市园林绿化运行态势的同时，还为园林管理部门的行政管理提供科学依据，将园林绿化的业务工作汇入智慧城市。园林绿地管理信息系统的功能见表9-1。

表9-1　园林绿地管理信息系统功能表

序号	子系统	实现功能
1	园林绿地地理信息平台	基于GIS，将全市绿化资源(如树种、道路、公园、绿地、苗木、古树、病虫害、法律法规、绿化规划等)进行集中式管理，制定数据标准规范，数据整理入库，同时完成权限分配，完成对数据的维护
2	园林绿地数据管理系统	针对园林绿地基础数据库，为用户提供数据的导入导出、修改编辑、备份恢复与版本控制等功能，为其他应用系统提供数据准备
3	园林绿地成果管理系统	对园林绿地调查成果数据提供浏览查询、测量等工具，支持基于地名、属性、位置等的综合查询方式，查询结果可通过图表等多种形式展现

序号	子系统	实现功能
4	移动终端管理系统	分为移动终端部分和林业终端管理系统两个部分，移动终端APP包括定位、轨迹记录等功能，支持用户进行外业信息采集，并将有关信息上传至管理平台，终端管理部分提供对设备的定位于数据管理等功能，并对终端用户的反馈做出处理结论并下发
5	绿地养护管理系统	实现绿地现场巡视、事件上报、任务分配、结果核查、考核评分，实现移动端应用，实现园林绿化网格化管理功能
6	园林绿化档案管理系统	实现园林绿化档案类别管理、内容管理、信息检索、信息审核、附件管理等
7	园林绿化工程管理系统	对园林化工程进行实时监管，包括工程位置、实施进度及其他工程资料等
8	车辆调度管理系统	基于园林绿化工作车辆上安装的定位系统实现对工程用车的监控管理，可实时关注车辆运行位置，进行轨迹回放，并根据实际工作情况对车辆进行调度安排
9	古树名木管理系统	实现古树名木数据录入、查询检索、统计、专题图制作等
10	园林绿化信息门户网站	实现发布园林绿化相关的新闻动态、历史数据、公告通知等信息，与公众网站的信息共享。园林绿化相关机构职能、法规文件、规划计划、统计信息、工程招标、公园景区发布，实现绿化工程报送、行政许可网上申请、结果反馈等功能
11	系统运行管理系统	对所有系统操作进行日志记录。数据变更时，对数据进行版本控制管理，对历史数据进行存档，方便查询、统计、对比。对当前登录用户进行及时的消息提醒，并且提供在线帮助

园林绿地信息管理系统在有条件时可与城市旅游信息管理系统相连接。

💬 **具体评价方式**

规划阶段：规划的园林绿地信息管理系统应对区内园林绿地的现状信息、工程建设、日常养护、责任企业等运行情况进行全面的监测，积累监测数据，园林绿地信息管理平台能通过运行数据分析和异常情况处置来保证城区园林绿地的运行安全。

为保证城区园林绿地信息管理的落实，应遵守相关国家与行业的标准规范，编制城区园林绿地信息管理系统的规划，做好顶层设计。园林绿地信息管理业务涉及的管理部门比较专业，系统规划的同时应对实施建设和运行管理的体制与机制进行规划。

规划阶段审核园林绿地管理信息系统的规划方案后给予评分，内容完整得5分，具有属地特色得2分。

工程设计和建设要点：按国家相关标准与上级要求和通过审定的专项规划来设计建设城区园林绿地信息管理系统，全面掌握城区园林绿地的现状信息（面积、绿地率、古树、虫害防治等）、工程建设、日常养护、责任企业等运行情况处理设施运行情况。园林绿地信息管理平台应能对接各类业务信息源，全面积累监测数据，分析城区园林绿地运行态势，有异常情况及时告警，保证城区园林绿地的安全。

制定城区园林绿地管理系统的管理规定，协调政府建设管理机构和园林绿地业务机构的工作。

城区园林绿地信息管理平台应能与上级系统有效对接。

运管阶段：在现场考察城区园林绿地管理信息系统的建设和运行情况后给予评分。园林绿地信息管理系统能对区内园林绿地的现状信息（面积、绿地率、古树、虫害防治等）、工程建设、日常养护、责任企业等运行情况及设施运行情况进行监测，系统收集各类影像信息和业务信息，通过积累的监测数据分析园林绿地运行情况，发生异常情况及时告警，保证城区园林绿地的安全，为政府掌控园林绿地运行态势提供有效支撑。

为保证园林绿地信息管理系统长期稳定运行，相关的管理规定必须得到严格的执行。

实施运管阶段应按照园林绿地管理信息系统的规划方案完成建设，得5分；系统正常运行，得2分。

城区范围与行政管辖区一致时，可直接使用城市园林绿地管理机构的园林绿地管理信息系统。若绿色生态城区管理机构不具有独立的行政管辖权限时，可以利用上级系统获得相关功能与数据。

9.2.8 城区具有地下管网信息管理系统，并具备与城市地下管网信息管理系统对接的功能，评价分值为4分。

📋 条文说明扩展

设置本条文是要求推进城区地下管网信息管理系统的建设，建立城市地下管网（供水、排水、供电、通信、燃气和供暖等工程）的信息化建设档案，并接入各系统管网的运行信息，实行城区地下管网的工程档案信息管理和运行状态监视。鉴于城区地下管网信息管理系统是支撑绿色生态城区基础设施管理的技术手段，故设置本条文为评分项，适用于规划设计、实施运管评价。

城区地下管网信息管理系统应对接城市总体规划与详细规划，存入城区地下管网包括供水、排水、供电、通信、燃气和供暖等工程的建设信息，并接入各系统管网的运行信息。

1. 政策和标准

国务院办公厅的《关于加强城市地下管线建设管理的指导意见》（国办发〔2014〕27号）提出，我国计划用10年左右时间，建成较为完善的城市地下管线体系，使地下管线的建设管理水平能够适应经济社会发展需要，应急防灾能力大幅提升。城市地下管线建设管理工作的目标任务还包括：2015年底前，完成城市地下管线普查，建立综合管理信息系统，编制完成地下管线综合规划。力争用5年时间，完成城市地下老旧管网改造，将管网漏失率控制在国家标准以内，显著降低管网事故率，避免重大事故发生。要求按照统一的标准，实现综合管理信息系统和专业管线信息系统之间信息的即时交换、共建共享和动态更新；推进城市地下管线综合管理信息系统与数字化城市管理系统融合。

要严格规划核实制度，新建或改建的城市地下管线工程覆土前的竣工测量成果应及时报送城建档案管理部门，实行综合管理信息系统的动态更新。充分利用信息资源，做好工程规划、勘察设计、施工建设、运行维护、应急防灾、公共服务等工作。城市地下管线建设工程的规划审批和施工许可管理必须以综合管理信息系统为依据。

《国家智慧城市（区、镇）试点指标体系（试行）》要求地下管线与空间综合管理应实现数字化综合管理、监控，并利用三维可视化等技术手段提升管理水平。

地下管网信息管理规划应符合的相关国家与行业标准规范至少且不限于，如《城市综合地下管线信息系统技术规范》CJJ/T 269等。

2.　地下管网信息管理概述

每座城市都有着供水、排水、燃气、热力、电力、通信、广播电视、工业等8大类20余种管线及其附属设施，这些管线大多直埋地下或敷设在管廊里，是保障城市运行的重要基础设施和"生命线"。

我国需要建设高效、安全、可靠、绿色和智能的地下管网体系，将地下管网高质量建设作为扩大内需和新基础设施建设的重要抓手，推动经济的高质量发展。项目前期需要统筹协调城市规划与管网的规划、设计、建设和智慧运维。地下管网是隐蔽性工程，在其施工过程中要运用现代信息技术来保证施工数据记录的完整性和准确性。

城市地下管网涉及三四十个产权单位与主管部门，地下管线的管理体制和权属复杂，条块分割多头管理，而且不少管线"超期服役"，现存基础资料不全。这就需要各部门加强信息沟通与相互协作，改变"重建设、轻养护"的习惯，合作运用智能技术进行运维监管，实行管网的全生命期管理。

3.　实施情况

地下管网是城市的基础设施，城区只是城市的局部区域，其地下管网是不可能单独规划、设计、建设和运维的，本条的要求是为了促进将城区的地下管网信息管理系统对接城市地下管网信息管理系统，并做到《关于加强城市地下管线建设管理的指导意见》提出的2015年工作要求。从全国参与绿色生态城区评价的10个项目来看，基本都能实现地下管网信息管理的功能。

⊙ **具体评价方式**

城区的地下管网信息管理系统只是所在城市综合地下管线信息管理系统的子系统，通过城市地下管网信息管理系统的业务终端来实现城区地下管网的信息管理。

规划阶段：规划的城区地下管网信息管理系统应接入地下管网（供水、排水、供电、通信、燃气和供暖等）工程的建设档案和各系统管网的运行信息，以实行城区地下管网的工程档案管理和运行状态的监视管理。

为保证城区地下管网信息管理的落实，应遵守相关国家与行业的标准规范，编制城区地下管网信息管理系统的规划，做好顶层设计。由于地下管网是城市运行的基础设施，城区的供水、排水、供电、通信、燃气和供暖等业务都是独立系统，因此城区的地下管网信息管理系统方案必须协调各专业公司的业务，并符合城市的管理规定。

规划阶段审核城市地下管网信息管理系统的规划方案，确认具有地下管网工程档案管理和运行状态监视管理功能，得4分。

工程设计和建设要点：按国家相关标准与上级要求和通过审定的专项规划来设计建设地下管网信息管理系统，为能全面监控管理城区的地下管网设施等的运行情况，必须合理科学布置监测内容和监测点位置，监测内容和监测点由各业务系统运营公司设计建设，地下管网信息管理平台应能对接供水、排水、电力、通信、燃气和供暖等业务公司的业务信息管理系统，积累监测数据，分析城区的地下管网的布局和运营情况。

地下管网信息管理平台汇集供水、排水、供电、通信、燃气和供暖等业务部门的运行信息，进行常态管理和应急处置。因各业务公司的业务相对独立，各个运行信息管理系统的技术方案可能因上级业务系统的要求而有差异，但城区地下管网信息管理平台应能与这些系统有效对接。

制定城区地下管网信息管理系统的管理规定，协调政府和业务机构的工作。

运管阶段：现场考察城市地下管网信息管理系统的建设和运行情况后给予评分。供水、排水、供电、通信、燃气和供暖等业务信息管理系统的建设与正常运行是城区正常运行的基础，业务公司必须有效维护各自的系统，保证上传信息的有效性和准确性。城区地下管网信息管理平台应能存储监测数据和管线工程基础文档，自动进行统计分析，发现异常及时告警，为保证城区地下管网的安全运行提供支撑。

为保证城区地下管网信息管理系统长期稳定运行，绿色生态城区必须严格执行相关的管理规定。

城区完成地下管网信息管理系统建设，得2分；地下管网信息数据完整，得2分。

城区范围与行政管辖区一致时，可直接使用城市地下管网管理机构的地下管网信息管理系统。若绿色生态城区管理机构不具有独立的行政管辖权限时，可以利用上级系统获得相关功能与数据。

II 信息服务

9.2.9 城区信息通信服务设施完善，评价分值为6分。

📋 **条文说明扩展**

　　设置本条文是要求促进建设完善的信息通信设施，保证城区信息传输畅通，以支持信息化管理。鉴于信息通信服务设施在绿色生态城区运行中的作用，故设置本条文为评分项，适用于规划设计、实施运管阶段的评价。

　　1. 政策和标准

　　2018年12月中央经济工作会议提出加大制造业技术改造和设备更新，加快5G商用步伐，加强人工智能，工业互联网，物联网等新型基础设施建设，加大城际交通、物流、市政基础设施等投资力度，补齐农村基础设施和公共服务设施建设短板，加强自然灾害防治能力建设。2020年中央政府更对"新基建"给予高度关注，信息基础设施、融合基础设施、创新基础设施三大领域成为新基建的主攻方向，在信息基础设施中以5G、物联网、工业互联网、卫星互联网为代表的通信网络建设被放在首位，新基建发展正在提速。

　　城区的信息通信服务能力应符合《国家智慧城市（区、镇）试点指标体系（试行）》的要求。主要内容为公共区域无线网络的覆盖率、住宅建筑的光纤到户率和公共建筑的信息通信服务设施水平。

　　2. 信息通信基础设施

　　光缆、微波、卫星、移动通信、数据中心等信息通信设施是信息化各领域开展建设和应用的前提和基础，同时也是信息化水平的体现。随着信息通信技术的发展和创新，信息通信基础设施在不断地向新的方向发展，近年来，高速宽带网络和5G移动网络成为国家置于首位的建设目标。

　　在2020年的新冠病毒疫情中，信息基础设施发挥了重要的作用，5G+远程医疗系统、助力全国学生"停课不停学"的远程教学平台、支撑疫区生活保障的电子商务、坚持社会管理和经济活动的远程办公等都高度依赖信息通信网络。信息通信网络已经成为驱动中国经济继续增长的关键因素，改变着我们的社会形态和生活方式。

　　3. 数据来源

　　由于信息通信与服务水平直接关系到城区能否实行信息化管理和实现智慧城市，因此必须对此进行评价，以此来促进信息通信基础设施的建设。通常用以下数据来说明城市信息通信基础设施的建设水平：电信基础设施完成投资额、电信营业收入、固定电话用户数、移动电话用户数、固定宽带用户数和固定宽带家庭普及率、建成移动通信网络基站数、无线通信网络覆盖率、宽带业务出口带宽容量、光纤到户覆盖率和广播电视覆盖率等。这些数据可以在地方政府工业与信息化局的年鉴中获得。

⊙ **具体评价方式**

规划阶段：城区的信息通信服务能力应符合《国家智慧城市（区、镇）试点指标体系（试行）》中的要求。由于城区信息通信基础设施大多为通信运营商建设运行，城区的专项规划方案是在衔接通信专业企业规划的基础上形成，为保证城区的信息化管理目标的实现，在编制城区信息通信基础设施的相关规划时，要对通信运营商提出通信能力的要求。

规划可提出公共区域无线网络的覆盖率、住宅建筑的光纤到户率，以及公共建筑的信息通信基础设施等要求。

规划阶段审核城区信息通信基础设施建设的规划方案，确认满足《国家智慧城市（区、镇）试点指标体系（试行）》的要求，得6分。

工程设计和建设要点：为保证城区信息通信基础设施相关规划方案的落实，要求相关通信运营商按城区的规划编制通信专业企业的网络、机房、基站、服务终端等建设计划，以及通信能力的水平参数。

城区的管理机构应推进管理通信基础设施建设，协调通信运营商占用的资源，落实信息通信机房、移动通信基站等用地。

实施运管阶段：在现场考察城区信息通信基础设施的建设和运行情况后给予评分。完成城区信息通信基础设施建设和监管体制建设，得2分；城区公共区域无线网络的覆盖率、住宅建筑的光纤到户覆盖率和公共建筑的信息通信服务水平等的统计数据满足《国家智慧城市（区、镇）试点指标体系（试行）》中的要求，得4分。

城区范围与行政管辖区一致时，可直接使用城市信息通信服务基础设施规划的相关功能与数据。若绿色生态城区管理机构不具有独立的行政管辖权限时，可以利用城市信息通信服务基础设施的相关功能与数据。

9.2.10　具有绿色生态城区市民信息服务系统，评价分值为8分。

📋 **条文说明扩展**

设置本条文的目的是建立城区数据服务的网上平台，开展对绿色生态环境建设和绿色行为的宣传、教育，为市民与城区建设管理者的互动提供良好的平台。鉴于市民信息服务系统能体现城区市民的参与程度，故设置本条文为评分项，适用于实施运管阶段的评价。

1. 政策和标准

《绿色社区创建行动方案》（建城〔2020〕68号）要求到2022年，绿色社区创建行动取得显著成效，力争全国60%以上的城市社区参与创建行动并达到创建要求，文件强调了建立健全社区人居环境建设和整治机制，提高社区信息化智能化水平和培育社区绿色文化，为绿色生态城区的建设指出了发展方向。

在政府为民服务的电子政务系统中增加绿色城区市民信息服务功能模块，可以建立绿色生态城区数据服务的网上平台。《国家智慧城市（区、镇）试点指标体系（试行）》要求实现智慧管理与服务，在政务服务的信息公开中，通过政府网站等途径，主动、及时、准确公开财政预算决算、重大建设项目批准和实施、社会公益事业建设等领域的政府信息；在基本公共服务的社会服务中，提升覆盖率，通过信息服务终端建设，提高目标人群享受社会救助、社会福利、基本养老服务和优抚安置等服务的便捷程度，提升服务的质量监督水平，提高服务的透明度，保障社会公平。

绿色生态城区市民信息服务系统的建设应符合并不限于，如《电子政务系统总体设计要求》GB/T 21064—2007等国家相关标准。

2. 市民信息服务

市民信息服务系统是政府关注民生、倾听民意的平台。市民信息服务系统帮助市民与政府沟通，解决日常遇到的问题，也是在政府职能转变过程中，用信息化提高政府为民服务能力的举措。

😄 **具体评价方式**

规划阶段：在政府为民服务的电子政务系统中规划增设绿色城区市民信息服务功能模块，是一种简单有效的方式，只需很少的投入就可以建立绿色生态城区数据服务的网上平台，开展对绿色生态环境建设和绿色行为的宣传、教育，以及与公众互动，受理投诉等。

为落实市民信息服务系统功能，在政府电子政务系统的公众网站中做好顶层设计，协调与政府电子政务系统各相关功能模块的衔接，增加城区市民信息服务功能模块的规划方案，策划绿色生态环境建设和绿色行为的宣传内容，建立与公众互动和受理投诉的机制。鉴于在规划阶段绿色城区市民信息服务系统尚无法启动建设，所以本条文不参评。

工程设计和建设要点：应按电子政务系统的国家相关标准与上级要求，以及通过审定的城区市民信息服务功能模块的规划方案，设计建设绿色城区市民信息服务功能模块，建立绿色生态城区数据服务的网上平台。系统建设过程中协调衔接当地政府电子政务系统，编制绿色生态环境建设和绿色行为的宣传内容，建立公众互动和受理投诉的机制。

运管阶段：现场考察城区市民信息服务系统的建设、运行情况与效果后给予评分。对绿色生态城区数据服务的网上平台进行有效维护，绿色生态环境建设和绿色行为的宣传、教育等资料能不断更新，与公众互动以及有责任部门处理受理投诉。

可发布城区的生态与能耗信息，得3分；进行绿色生态环境建设和绿色行为的宣传、教育，得3分；可与公众互动，受理绿色生态问题的投诉，并进行结果公示，得2分。

城区范围与行政管辖区一致时，可直接使用城市的政府网站。若绿色生态城区管理机构不具有独立的行政管辖权限时，可以利用上级城市的政府网站或自行建设绿色生态城区市民信息服务系统来实现功能。

9.2.11 城区实行道路与景观的照明节能控制，并进行实时监控，评价分值为4分。

条文说明扩展

设置本条文是要求城区实行道路与景观的照明节能控制，加强市政公共照明的运行管理，提高城市的节能水平。鉴于道路与景观的照明节能控制系统对于绿色生态城区的环境和节能减排具有重要作用，故设置本条文为评分项，适用于规划设计、实施运管评价。

城区照明节能控制系统对城区道路和景观的照明进行控制与管理，在保证城区运行安全的前提下，降低户外公共照明的能耗。城区照明节能控制系统应与城市照明节能控制系统对接。

1. 政策和标准

《国家智慧城市（区、镇）试点指标体系（试行）》要求在智慧建设与宜居的城市功能提升中实现城市各类照明设施的覆盖面和节能自动化应用。

规划的城区道路与景观的照明节能控制系统方案应符合且不限于《城市道路照明设计标准》CJJ 45和《城市夜景照明设计标准》JGJ/T 163等相关标准，注重节能控制模式的确定。

2. 道路与景观的照明节能控制

随着经济发展和人民生活水平的提高，通过光技术、光文化与城市和建筑相结合，使城市的公共照明事业快速发展。各级政府根据市民要求，在标志性建筑和公共空间的城市广场、园林绿地、历史建筑、旅游景区、商业街区等人流量大的区域设置各类照明设备，形成了"亮化工程"，以夜间丰富多彩、特色鲜明的形象，表现城市文化信息和建筑美学，增强了城市空间的吸引力和时代感，为城市带来社会效益。

城市照明工程的能耗量巨大，据统计大型城市照明工程的电耗约为整个城市用电量的4%，夜景照明占整个城市照明工程电耗的$\frac{2}{3}$，道路、桥梁、隧道等功能性照明占城市照明工程电耗的$\frac{1}{3}$。

城市公共照明控制系统运用通信和控制技术实现城市路灯、景观灯的遥控、遥信、遥测、遥视和管理等功能，对各个路灯和景观灯进行管理和集中控制，实现城市全方位的实时管理。

为实现照明节能，对于道路、桥梁和街灯可以采用时控方案（依据所在地区的地理位置和季节变化）、光控方案（依据天空亮度变化）、时控和光控相结合的方案，调压调光方案（调低夜间供电电压），以及自动遥控开/关全夜灯、半夜灯的运行模式，合理地关掉部分路灯照明，来取得节能效果。

城市对于景观灯可以按照平日、节日及重大政治活动的要求执行预定的时控方案，部分景观灯可以按照设计的场景改变呈现的景色。

3. 实践情况

城市道路照明设施的管理机构一般是路灯的所有权单位路政部门，由地区电力部门的路灯管理处承担运行，并设专业的路灯监控平台。城市景观照明设施的管理机构各地情况不一，有的城市设灯光环境管理中心或办公室，有的城市由市容环境行政主管部门负责，一般是设专业的景观灯监控平台对全市主要景观灯光设施进行统一的管理和控制。一些城市在城市道路照明和景观照明采用节能控制方案后，监测数据反映可以节省30%以上的城市公共照明电耗。

⊙ **具体评价方式**

规划阶段：编制城区的道路与景观的照明节能控制系统规划方案，应与城市及区域的道路监控与交通管理系统相协调。

道路与景观的照明管理是城市运行的基础工作，道路照明由路政部门管理而景观照明多由城市市容部门管理，因此城区道路与景观的照明节能控制方案必须符合整个城市的管理规定。

审核城区道路与景观的照明节能控制系统的方案，具有道路照明节能控制系统规划方案，得2分；具有景观照明节能控制系统规划方案，得2分。

工程设计和建设要点：按国家相关标准与上级要求和通过审定的专项规划设计建设城区道路与景观的照明节能控制系统时，一般由路政部门按监控管理的区域对道路照明设施进行工程设计，并制定节能控制技术措施；由市容管理部门按城市景观规划要求进行照明设施的工程设计，并制定节能控制技术措施。道路与景观的照明节能控制平台则监测道路照明节能控制系统与景观照明节能控制系统的运行状态，根据城区日常运行和节假日等特殊要求，发出节能控制指令。因路政部门和市容管理部门的业务相对独立，各自运行系统的技术方案可能因上级业务系统的要求而有差异。

由于道路与景观的照明节能控制涉及路政部门和市容管理部门，道路与景观的照明节能控制平台应汇集这些部门的运行信息，进行常态管理和应急处置。

制定城区道路与景观的照明节能控制系统管理规定，协调政府和业务机构的工作。

运管阶段：在现场考察城区道路与景观照明节能控制系统的建设和运行情况后给予评分。城区道路与景观的照明节能控制系统等装置应定期维护，以保持节能控制的有效性。道路与景观的照明节能控制平台应能存储监测数据，自动进行统计分析，发现异常及时告警。

为保证城区道路与景观的照明节能控制系统长期稳定运行，相关的管理规定必须在运行过程中得到严格的执行。

完成道路与景观的照明节能控制系统的建设，得3分；道路与景观的照明节能控制系统运行正常，得1分。

城区范围与行政管辖区一致时，可直接使用城市的照明节能控制系统。若绿色生态城区管理机构不具有独立的行政管辖权限时，可以利用上级城市的照明节能控制系统。

产业与经济

10

十八大以来，中央要求社会经济发展与生态文明建设统筹推进，十九大中央进一步明确坚持新发展理念、推动高质量发展的国家战略。2020年疫情爆发全球肆虐，国际国内产业与经济发展受到严重冲击，经济形势严峻，全国人大十三届第三次会中提出在疫情防控常态化下统筹推进经济社会发展工作。而习近平总书记在疫情期间重访首次提出"绿水青山就是金山银山"的浙江安吉县余村，实地考察秦岭生态环境保护修复情况，向世界表明生态文明建设是中华民族永续发展的根本，是中国社会经济发展的基石。

为此，绿色生态城区建设要牢固树立生态优先原则，坚持绿色发展导向，在绿色生态城区建设中涉及环境、资源、经济、社会等多方面内容，本章节产业与经济，是贯彻国家生态文明战略，落实国家新发展、高质量建设总体要求，促进绿色生态城区可持续发展的重要内容。

绿色生态城区产业与经济建设，需要发挥各地区比较优势，促进社会全要素合理流动和高效集聚，增强创新发展动力，以构建高质量发展的城区动力系统，围绕产业链部署创新链、围绕创新链布局产业链，加强与新型基础设施建设结合及融合应用，推动城区经济高质量发展，增强周边地区保障生态安全等方面的功能，增强中心城市经济发展优势、经济和人口承载能力，形成差异细分、优势互补、高质量发展的城市和区域产业与经济布局。

绿色生态城区产业与经济建设，需要落实生态环境保护造福于民。2016年出台《中华人民共和国环境保护税法》，规定直接向环境排放应税污染物的企业事业单位和其他生产经营者应缴纳环境保护税，应税污染物包括大气污染物、水污染物、固体废物和噪声。

因此，本标准是对与绿色生态城区建设统筹推进的产业与经济部分进行评价，内容涉及：资源节约、环境保护、产业结构和空间布局优化、循环再利用等方面。在评价实施中，需要遵循中央大力倡导绿色发展理念，落实国家法律法规和政策的各项规定和要求。

本章所述各评价项，主要是从经济和产业方面，对绿色生态城区进行评价，通过设置经济与产业评价项，将有效地衡量城区规划、建设、运营等综合水平。

在严控生态底线基础上，不仅评价城区的绿色经济与可持续发展方向，更衡量产业在可持续理念指导下的协同发展情况。对于构建全面的绿色生态城区评价体系，具有不可或缺的重要意义。

设置本章的总体思路，主要是通过相应指标项的设置，引导城区的"生产、生态、生活"和谐发展，同时，促进园区绿色生态建设与所在地区的产业经济联动发展，构建和谐的循环经济产业圈，对地区绿色发展起到引领与示范作用。

　　各条文设置对于本章主导思路的支撑，主要指：本章所述产业与经济评价项，旨在从产业、经济方面，衡量城区综合发展的高效性、均衡性，通过相应评价项的设置，重点从资源环境友好、产业结构优化、产业准入与退出、产城融合发展4个方面进行评估。

　　各条文的相互关系：本章共10项评价项，其中，控制项2条，评分项8条。主要从资源环境友好、产业结构优化、产业准入与退出、产城融合发展4个方面进行设置。其中，控制项主要指：第10.1.1项、第10.1.2项，通过评价园区的负面清单，设置园区的产业准入门槛，其中三类工业作为严控进入产业，以确保绿色生态城区的生态底线；资源环境友好，主要包括第10.2.1项、第10.2.2项、第10.2.3项，分别从城区的能耗、水耗、废水废气及固废处理、碳排放等方面进行评价；产业结构优化，主要指第10.2.4项、第10.2.5项，分别从三产增加值、循环产业链构建情况两方面进行评分；产业准入与退出，主要指第10.2.6项、第10.2.7项，分别从工业投资强度、能耗水耗及碳排放管理两方面进行评分；产业融合发展，主要指第10.2.8项，职住平衡，以评价区域产业空间布局的合理性，引导城区的产城融合，以及"生产、生活、生态"的和谐均衡发展。

10.1　控制项

10.1.1　应有明确产业低碳发展目标，确定产业发展方向及产业结构，制定产业引入与退出措施。

📋 条文说明扩展

　　政府在引导城区产业发展，实施环境保护监管方面应明确责任。产业引入与退出机制，是在进行项目引进与退出方案设计时，应依据国家、省市工业政策与产业规划，针对项目入区设置准入门槛，实现城区产业的有序腾退与可持续发展。

💬 具体评价方式

　　在规划阶段，应核查《城区产业发展专项规划》，规划要明确反映出城区产业发展与地区经济发展融合，产业发展符合国家产业政策导向和环境保护法律法规要求，结合城区产业与经济发展的优劣势，发展现状与潜力，提出明确的产业低碳发展目标，确定产业发展方向及产业结构，制定产业引入与退出措施。同时，应分析区域循环经济产业链的构建，加强补链产业的引入，构建结合地区特色的绿色产业体系。对当地产业发展的定位、产业体系、空间布局、经济社会环境影响、实施方案等做出科学规划。

　　在运营阶段，核查城区管理机构是否在职权范围内制定促进产业与经济发展的相关政策，明确区域绿色经济发展产业链，完善企业创新支持政策、产业引入、退出机制；在能源消耗、污染物排放等资源环境方面，是否建立以改善生态环境质量为核心的目标责任体系，是否严格执行国家法律法规要求，有严格的审批机制，是否建立以环境风险有效防控为重点的监管体系。

10.1.2 对工业类别有负面清单控要求，严控三类工业企业进入。

📋 条文说明扩展

负面清单，是指城区以清单方式，明确列出在区内禁止和限制进入的工业类别、项目等，尤其应以"排除法"严控三类工业企业进入。负面清单管控的制定，应重点考虑生态安全，兼顾节能、接地、节水、环保、技术、安全等因素。

产业发展应根据《全国主体功能区规划》、《国家新型城镇化规划（2014—2020年）》、《2014—2015年节能减排低碳发展行动方案》、《产业结构调整指导目录》、《产业转移指导目录》、部分工业行业淘汰落后生产工艺装备和产品指导目录、行业准入条件、清洁生产标准以及循环经济、战略性新兴产业、环保产业、可再生能源等发展规划要求，符合《中华人民共和国环境保护税法》要求。同时结合地区相关产业发展要求和城区资源环境，体现地区产业特色。

💬 具体评价方式

重点评价城区编制的《绿色生态城区产业准入负面清单》及实施情况，同时，应结合园区资源环境承载力评价，综合评定该负面清单，是否具备城区针对性，体现因地制宜的原则。负面清单范围要涵盖城区现有的和可能发展的产业，限制类产业清单应明确具体的限制条件。

具体指，绿色生态城区内的产业符合《产业结构调整指导目录》中的鼓励类产业，《产业转移指导目录》中对应地区的优先承接发展产业、《西部地区鼓励类产业目录》（适用于西部地区）以及国家和地区允许的其他产业，同时产业要符合相应的行业准入条件，达到相应的《清洁生产标准》中的国内先进或国际先进水平。《产业结构调整指导目录》中的限制类、禁止类产业以及《部分工业行业淘汰落后生产工艺装备和产品指导目录》中的产业，绿色生态城区禁止引进。

城区管理机构在职权范围内制定促进产业与经济发展的相关政策或提供所参照执行的所属上级管理机构在产业与经济发展方面的相关政策文件。提供城区项目审批备案相关资料。为城区保护和改善环境，减少污染物排放，提供对应税人明确执行直接向环境排放污染物，缴纳相应污染物的环境保护税，以及接受政府监察督管的制度要求的相关文件。

10.2　评分项

I　资源环境友好

10.2.1　单位地区生产总值能耗低于所在省（市）节能考核目标，评价
　　　　总分值为15分。单位地区生产总值能耗低于所在省（市）目标
　　　　且相对基准年的年均进一步降低率达到0.3%，得5分；达到
　　　　0.5%，得10分；达到0.8%，得15分。

条文说明扩展

　　单位地区生产总值能源消耗量指一定时期内，一个地区每生产一个单位的地区生产总值所消耗的能源，是反映能源消费水平和节能降耗状况的主要指标。该指标，是衡量城区产业结构合理性及资源利用效率的可量化指标，引导产业结构结构调整、促进节能技术应用、推进经济生态化转型。

　　"十三五"规划纲要提出，积极应对全球气候变化，把大幅降低能源消耗强度和二氧化碳（CO_2）排放强度作为约束性指标。

　　国家统计局对单位地区生产总值能源消耗量给出的计算公式如下：

$$单位地区生产总值能耗=\frac{能源消费总量（吨标准煤）}{地区生产总值（万元）}$$

以上数据源于统计局统计数据、地方统计调查项目、全面定期统计报表。

具体评价方式

　　各城区应根据国民经济和社会发展规划纲要、节能减排工作方案、能源发展规划等政策文件中，核算各城区单位地区生产总值能耗低于所在省（市）目标且相对基准年的年均进一步降低率。

　　在规划设计阶段审查城区绿色生态专项规划和城区产业发展规划，以及中长期可再生能源规划，审查国家和当地的单位地区生产总值能耗相关指标；在实施运管阶段核实单位地区生产总值能耗情况，年均进一步降低率以所在省（市）前3年的实际单位地区生产总值能耗为基准计算，具体计算方法为：

$$X_0 \cdot (1-a\%-aj\%)^n=X_n$$

式中　X_0——基准年所在省（市）单位地区生产总值能耗；

　　　X_n——规划年或考核年被评价城区的单位地区生产总值能耗；

　　　$a\%$——所在省（市）节能考核指标年均下降率；

　　　$aj\%$——被评价城区能耗年均进一步降低率。

10.2.2 单位地区生产总值水耗低于所在省（市）节水考核目标，评价总分值为15分。单位地区生产总值水耗低于所在省（市）目标且相对基准年的年均进一步降低率达到0.3%，得5分；达到0.5%，得10分；达到0.8%，得15分。

📃 条文说明扩展

单位区域生产总值水耗是指某区域在一定时段内每取得一万元增加值的水资源取用量。通常以年为时段，即某年某地区的万元GDP用水量等于其年用水总量除以年万元增加值的数值，反映评估对象推动产业转型升级，建设节水型社会的综合情况。

"十三五"规划纲要把"万元GDP用水量下降"作为约束性指标。

在绿色生态城区评价指标体系中加入单位区域生产总值水耗可以促进产业转型升级，促进节水技术的应用及低水耗经济发展，有利于正确处理好经济社会发展、水资源开发和环境保护的关系，建设节水型社会。

💬 具体评价方式

鉴于各地区的产业结构、发展水平不同，导致地区间单位生产总值水耗差异较大。本指标借鉴《全国水资源规划》，各地区在完成国家及当地节水指标的情况下，单位区域生产总值水耗再进一步年均降低0.3%~0.8%。

$$单位区域生产总值水耗=\frac{用水总量（吨）}{区域生产总值（万元）}$$

用水总量年度实际值来源于年度水资源公报。若年度公报未能及时印发，则以供水企业提供的上年第4季度及本年度1~3季度用水量值计算。

GDP数据依据各区统计部门提供的统计报告。

审查城区绿色生态发展专项规划和城区产业发展规划，审查国家和当地的单位地区生产总值水耗相关指标；在实施运管阶段核实单位地区生产总值水耗情况，年均进一步降低率以所在省（市）前三年的实际单位地区生产总值水耗为基准计算。具体计算方法为：

$$X_0 \cdot (1-a\%-aj\%)^n = X_n$$

式中 X_0——基准年所在省（市）单位地区生产总值水耗；

X_n——规划年或考核年被评价城区的单位地区生产总值水耗；

$a\%$——所在省（市）节水考核指标年均下降率；

$aj\%$——被评价城区水耗年均进一步降低率。

10.2.3　工业废气、废水100%达标排放，危险固体废弃00%进行无害化 处理处置，评价分值为10分。

📋 条文说明扩展

工业废气，指企业厂区内燃料燃烧和生产工艺过程中产生的各种排入空气的含有污染物气体的总称。

工业废水，包括生产废水、生产污水及冷却水，是指工业生产过程中产生的废水和废液，其中含有随水流失的工业生产用料、中间产物、副产品以及生产过程中产生的污染物。

危险废物，是指列入国家危险废物名录或根据国家规定的危险废物鉴定标准和鉴定方法认定的具有危险废物特性的废物。

💬 具体评价方式

核查城区《环境影响评价报告书》，是否符合工业废气、废水100%达标排放，危险固体废弃物100%进行无害化处理处置。同时，应符合《大气污染防治行动计划》《中华人民共和国大气污染防治法》《水污染防治行动计划》《土壤污染防治行动计划》等，所规定的环境改善的具体指标。

<h3 align="center">II　产业结构优化</h3>

10.2.4　明确第三产业、高新技术产业或战略新兴产业增加值占地区生 产总值的比重，评价总分值为20分，并按下列规则评分：

1　第三产业增加值比重达到55%以上，或高新技术产业增加值比重达到20%以上，或战略新兴产业增加值比重达到8%以上，得10分；

2　第三产业增加值比重达到60%以上，或高新技术产业增加值比重达到30%以上，或战略新兴产业增加值比重达到11%以上，得15分；

3　第三产业增加值比重达到65%以上，或高新技术产业增加值比重达到35%以上，或战略新兴产业增加值比重达到15%以上，得20分。

📋 条文说明扩展

第三产业增加值占地区生产总值的比重，是指所有第三产业行业增加值相加之后占全部地区生产总值的比重，反映了服务业在国民经济中的地位，是考察服务业发展情况的主要指标。2016年国家统计局发布《2015年国民经济和社会发展统计公报》显示，第三产业增加值比重为50.5%，首次突破50%。

战略性新兴产业增加值占地区生产总值比重，指所有战略性新兴产业增加值相加之后占全部地区生产总值的比重。《"十三五"规划纲要》提出，使战略性新兴产业增加值占国内生产总值比重达到15%。

💬 具体评价方式

$$第三产业增加值占地区生产总值比重=\frac{第三产业增加值}{地区生产总值}\times100\%$$

$$高新技术产业增加值占地区生产总值比重=\frac{高新技术产业增加值}{地区生产总值}\times100\%$$

$$战略性新兴产业增加值占地区生产总值比重=\frac{战略性新兴产业增加值}{地区生产总值}\times100\%$$

以上数据源于统计局统计数据、地方统计调查项目、全面定期统计报表。

📈 案例分析说明

在经济全球化加速发展的今天，金融安全在国家经济安全中的地位和作用日益加强。根据北京市的战略定位要求，房山区要发挥生态环境和历史文化资源优势，打造国际旅游休 闲区和科技金融创新转型发展示范区。《房山分区规划（国土空间规划）（2017年—2035年）》明确提出要把加快房山的发展转型、融入京津冀协同发展进程。北京金融安全产业园位于房山区阎村镇，集国家级乃至世界级信息安全机构、金融机构总部，增强总部金融及安全功能一体，提供金融保障和服务，目标形成与首都地位相称、与首都经济社会发展相适应的现代新金融业发展格局。

北京金融安全产业园规划用地面积约为1.5km²，研究范围3.0km²。产业园一、二期总用地325亩（约0.217km²）。产业园是着力打造以风险防控、技术和服务为核心，以金融安全的产业为龙头，以金融科技的企业为主体的产业业态，属于战略性新兴产业范畴。产业园基本覆盖了底层技术研发、理论研究、解决方案、金融服务等金融科技生态体系中的重要节点，如中国互联网金融协会、国家计算机网络应急协调中心、北京市互联网金融行业协会等权威行业机构，清华大学、北京大学、香港应用科技研究院等顶尖学术科研机构，以及领先的金融科技及监管科技企业，宜信、恒昌、玖富等主流新金融平台。目前产业园内已初步形成了以风险防控为核心，以数据安全、网络安全、信息安全、系统安全为龙头，以金融安全企业为主体的产业生态体系。

2017年全年，入园企业年内纳税额超2.42亿元；2018年全年，入园企业年内纳税额超5.08亿元；截至2019年12月30日，纳税6.58亿元。

以2018年为例，分析北京金融安全产业园战略性新兴产业增加值占地区生产总值比重。

本案例涉及的计算范围为北京金融安全产业园研究范围，约3km²。北京金融安全产业园产业形态为战略新兴产业，其产业增加值计算按照收入法计算取得。北京金融安全产业园产业形态单一，基本税率为6%。以2018年为例，北京金融安全产业园的年纳税额5.08亿元，估算产业企业收入为$\frac{5.08}{0.06}$≈84.67亿元，计算得出北京金融安全产业园战略新兴产业增加值为84.67亿元。

受数据来源及可靠性影响，本案例地区生产总值采取扩大范围即房山区范围计算，房山区2018年地区生产总值为761.8亿元（国家统计年鉴）。

具体计算过程及计算结果如下：

$$战略性新兴产业增加值占地区生产总值比重=\frac{战略性新兴产业增加值}{地区生产总值}\times100\%$$

$$=\frac{84.67}{761.8}\times100\%$$

$$\approx11.11\%$$

北京金融安全产业园战略性新兴产业增加值占地区生产总值比重为11.11%，战略新兴产业增加值比重达到11%以上，产业优化评分为15分。[①]

10.2.5 规划循环经济产业链，评价总分值为10分，并按下列规则分别评分并累计：

1 形成完整的中长期循环经济发展规划，符合本地区特色，具有可行性，得4分；

2 城区产业间形成相互关联，或产业副产品实现相互利用，得3分；

3 形成完整或较为完整的循环经济产业体系，得3分。

📋 条文说明扩展

循环经济是指在生产、流通和消费过程中进行减量化、再利用、资源化活动的经济发展运行模式。循环经济本质上是一种生态经济，蕴含了节能减排的价值，遵循"资源——产品——废弃物——再生资源"的闭合流程，主张最大限度地利用资源，并对环境的破坏降到最低程度，有利于绿色生态城区的可持续发展。

---

① 地区生产总值，是按市场价格计算的地区生产总值的简称。它是一个地区所有常住单位在一定时期内生产活动的最终成果。地区生产总值有三种表现形式，即价值形态、收入形态和产品形态。从价值形态看，它是所有常住单位在一定时期内所生产的全部货物和服务价值超过同期投入的全部非固定资产货物和服务价值的差额，即所有常住单位的增加值之和；从收入形态看，它是所有常住单位在一定时期内所创造并分配给常住单位和非常住单位的初次分配收入之和；从产品形态看，它是最终使用的货物和服务减去进口货物和服务。在实际核算中，地区生产总值的三种表现形态表现为三种计算方法，即生产法、收入法和支出法。三种方法分别从不同的方面反映地区生产总值及其构成。（北京房山区统计年鉴2018）国民经济各行业的增加值之和等于地区生产总值，各个产业的增加值计算方式与地区生产总值一致。（房山区统计年鉴2018）

💬 **具体评价方式**

在规划设计阶段，审查城区绿色生态发展专项规划和城区产业发展规划；在运营管理阶段，审查相关的政策、工作通知或计划安排或能佐证的文件，核实循环经济发展情况。

考虑到循环产业链构建的难度及地区差异，能够构建完整循环经济产业链的予以加分，不做强制性规定。

Ⅲ 产业准入与退出

10.2.6 工业用地投资强度高于《工业项目建设用地控制指标》，评价总分值为10分。工业用地投资强度高于《工业项目建设用地控制指标》准入值达到10%，得4分；达到15%，得7分；达到20%，得10分。

📋 **条文说明扩展**

工业用地投资强度，是指项目用地范围内单位面积固定资产投资额。指标依据节约集约用地制度设立，是衡量区域土地利用率的重要标准，也是招商引资、项目准入、核定项目用地规模、项目强制退出和加强项目后续管理的重要依据。工业用地投资强度指标的引入，一方面促进城区不断吸引内部及外部投资，另一方面限制土地使用规模，在达到促进城区经济活跃目的的同时，又集约利用了土地。

为加强工业项目建设用地管理，促进节约集约用地，国土资源部于2008年发布了《工业项目建设用地控制指标》，绿色生态城区应严格执行控制指标与相关工程项目建设用地指标。

💬 **具体评价方式**

审查区域总体规划、土地利用规划、控制性详细规划、产业发展规划以及工业用地项目审批资料；运行管理阶段在设计阶段评价方法之外还应现场核实。城区内无工业用地的此项不参评。

本条文在《工业项目建设用地控制指标（修订稿）》的要求，上浮幅度为10%～20%。国土资源部2008年指标在2004年基础上普遍提高15%，为取值依据。本评价标准以15%为标杆向上及向下各扩展5%。

计算公式：投资强度=项目固定资产总投资÷项目总用地面积。

10.2.7 新建、改建、扩建项目实行节能、节水、碳排放评估制度，重点项目能耗、水耗、碳排放达到国家或行业定额先进值水平，评价分值为10分。

📖 条文说明扩展

新建项目是指从无到有，平地起家，新开始建设的项目，有的建设项目原有基础很小，经扩大建设规模后，其新增加的固定资产价值为原有固定资产价值三倍及以上的，也算新建项目。扩建项目是指原有企业、事业单位为扩大原有产品生产能力（或效益），或增加新的产品生产能力，而新建主要车间或工程项目。改建项目是指原有企业，为提高生产效率，增加科技含量，采用新技术，改进产品质量，或改变新产品方向，对原有设备或工程进行改造的项目，有的企业为了平衡生产能力，增建一些附属、辅助车间或非生产性工程，也算改建项目。

考核针对是否完成如下工作：新建、改建、扩建项目实行节能、节水、碳排放评估工作，重点项目能耗、水耗、碳排放水平。

💬 具体评价方式

审查新建、改建、扩建项目节能评估报告和碳排放核查报告，重点项目能耗水平建议与国家单位产品能耗限额标准比价，重点项目碳排放水平建议与行业碳排放强度先进值比较（若项目所在地区有已公开发布的行业碳排放强度先进值可以所在地区行业碳排放先进值比较）。

IV　产城融合发展

10.2.8 在城市规划中，统筹布局城市工业用地和居住用地及相关配套设施，职住平衡，城区产城融合发展，评价总分值为10分，应按表10.2.8的规定评分。

表10.2.8　产城融合评分规则

职住平衡比JHB	分值
$JHB<0.5$或$JHB>5$	0
$0.5≤JHB<0.8$或$1.2<JHB≤5$	4
$0.8≤JHB≤1.2$	10

📋 条文说明扩展

职住平衡指在某一给定的区域范围内，居民中劳动者的数量和就业岗位的数量大致相等，大部分居民可以就近工作，通勤交通可采用步行、自行车或者其他非机动车方式，即使是使用机动车，出行距离和时间也比较短，在一个合理的范围内。"职住平衡"包括数量和质量的平衡，其中数量的平衡是指劳动力与就业岗位数量上的平衡，质量的平衡是一定区域内实现就业与居住自给自足的程度。

在城市规划和建设中，做好就业和居住地规划布局，达到职住平衡，不仅可以减少机动车的使用量，降低交通拥堵和空气污染，而且可以减少人们的平均通勤时间，增加人居幸福指数。

本标准借鉴中新生态城的指标体系，将职住比设定为50%～120%，这样50%的下限可以限制城区工作岗位过少，居住人口过多，形成睡城的现象；120%的上限则可以限制工作岗位过多，而居住用地规划较少的现象。

💬 具体评价方式

"职住平衡比"指的就是就业岗位与居住人口的比值，职住比直接反映了区域职住数量的平衡度，一个区域职住比越高，就业环境比重越大，职住比越低，居住功能比重越大。

计算公式为：

$$职住平衡比 = \frac{就业岗位数}{在业人口居住数量}\%$$

式中　就业岗位数——指不同产业建筑能够容纳的劳动力数量；

在业人口居住数量——指现状或规划居民中劳动者的数量。

以上数据源于各地区统计年鉴或政府正式发布的数据，以及建设主管部门主导制定的控制性详细规划。

📈 案例分析说明

中新天津生态城是中国、新加坡两国政府战略性合作项目。生态城市的建设显示了中新两国政府应对全球气候变化、加强环境保护、节约资源和能源的决心，为资源节约型、环境友好型社会的建设提供积极的探讨和典型示范。

按照中国和新加坡两国政府合作协议的总体要求，在中新两国政府共同牵头下，在广泛征求世界生态建设领域的专家学者的基础上，中新天津生态城合作双方共同构建了世界上首个生态城市指标体系。在中新生态城总体规划中提出，实现职住平衡是生态城建设与运营成功的关键，规划在指标体系中要求"就业住房平衡指数≥50%"。

以规划2020年数据为例（表10-1），中新天津生态城的就业岗位和在业人口居住数量，经过详细的影响因素测算，测算结果如下文所示，最终达到职住平衡比例为81%，满足"就业住房平衡指数≥50%"要求，产城融合评分为10分。

$$职住平衡比=\frac{就业岗位数}{在业人口居住数量}\%$$

$$=\frac{19}{(11.4+11.9)}\times100\%$$

$$=81\%$$

表10-1　生态城人口规模推算

年份		2010年	2015年	2020年
城镇建设用地（km²）		3	20	30
区内就业人口（万人）	重点产业	0.5	8	12
	城市公共服务和居民服务	0.5	4	7
	合计	1.0	12	19
区内居住人口（万人）	区内就业	0.6	7.2	11.4
	区外就业	1.4	6.1	11.9
	就业人口眷属	1.0	6.7	11.7
	合计	3	20	35
全部人口（万人）		3.4	24.8	42.6

注：数据来源为《中新天津生态城总体规划专题研究（十五）-人口规模测算》

人文

11

中文的人文一词，最早在《易经》中贲卦的《彖辞》出现："刚柔交错，天文也。文明以止，人文也。观乎天文以察时变；观乎人文以化成天下。"文化一词最早是"人文化成"的缩写，其中"文"的解释为现象、形象或者活动。《辞海》对人文的解释为："人类社会的各种文化现象。"在西方，人文更多的被称为人文主义（Humanism），这个词第一次出现在1618年，是西方文艺复兴的中心思想之一，强调人作为个体和集体的价值和尊严，主张批判性思考和理性主义。可以看出，中西方对于人文的认识存在着一定的不同，中国更强调人与自然的和谐统一，而西方更强调人作为个体存在的独立性。

2018年全国生态环境保护大会上，习近平主席提出了包含生态文化体系构建的生态文明体系。构建"美丽中国"需要全面形成绿色发展和生活方式，人与自然和谐共生，全面实现生态环境领域国家治理体系和治理能力现代化。同时，十九大报告指出，我国特色社会主义进入新时代，人民在民主、法治、公平、正义、安全、环境等方面的要求日益增长。因此，在我国的新时代背景下，推动绿色生态城区建设的同时，除了注重硬技术指标的构建，还应同时考虑绿色人文的软性指标构建。绿色生态城区规划应实现软硬结合。

联合国《人居议程》中就以下事项作出了承诺："人人有适当住房、可持续的人类住区、授权和参与、性别平等、为住房和人类住区提供融资、国际合作以及评估进展。"[1]通过上述承诺，可以总结出人文主义角度下发展绿色生态城区的几个关键原则：可持续性、开放性、参与性和平等性（包括性别平等和关注弱势群体）。我国于2014年颁布的《国家新型城镇化规划（2014—2020年）》[2]中的第五篇"提高城市可持续发展能力"中的第十八章"推动新型城市建设"中的第一节"加快绿色城市建设"和第三节"注重人文城市建设"分别提出了绿色新生活行动的重点和人文城市建设的重点。综合联合国《人居议程》和我国《国家新型城镇化规划（2014—2020年）》中对于人文城市的要求，可以将人文城市建设原则归纳为以下四大原则：①以人为本；②绿色生活；③绿色教育；④历史文化。

综合以上，可以得到本章节的指标体系，具体见表11-1。

---

① 关于新千年中的城市和其他人类住区的宣言[EB/OL]. 联合国，（2001-06-09）. https://www.un.org/zh/docments/treaty/files/A-RES-S-25-2.shtml.

② 新华社. 国家新型城镇化规划（2014—2020年）[EB/OL]. 中国政府网，（2014-03-16）. http://www.gov.cn/zhengce/2014-03/16/content_2640075.htm.

表11-1　人文章节的编制原则和框架

人文城市建设原则	联合国人居署	中国	人文章节的四个二级评价指标
开放性	√	√	以人为本
参与性	√	×	
平等性	√	×	
可持续性	√	√	绿色生活
绿色教育	×	√	绿色教育
历史文化保护	×	√	历史文化

　　表11-1中总结的四大原则，构成了《绿色生态城区评价标准》GB/T 51255—2017中人文评价指标的四个二级评价指标。其中，"以人为本"和"历史文化"是从城市规划的角度出发，强调在规划设计和城市管理中体现对人和文化的关怀和重视。"绿色生活"和"绿色教育"是从城市居民自身出发，强调城市管理者通过教育和引导改变居民的行为，实现可持续的城市生活模式，以配合绿色生态城市的发展，真正实现生态城市节能减排效益的提升。

11.1　控制项

11.1.1　城区规划设计、建设与运管阶段实施公众参与。

📋 条文说明扩展

　　公众参与是指公众通过直接以政府或其他公共机构互动的方式决定公共事务和参与公共治理的过程。公众参与是实现绿色生态城区规划设计、建设和运管的重要途径，不仅可以有效地提升规划设计的科学性和理性，更好地体现公众的利益需求，也有助于规划设计顺利实施，城区建设、运行和管理顺利进行，真正做到以人文本。

　　《中华人民共和国城乡规划法》（2019年4月23日第二次修正）规定：[1]

　　"第二十六条　城乡规划报送审批前，组织编制机关应当依法将城乡规划草案予以公告，并采取论证会、听证会或者其他方式征求专家和公众的意见。公告的时间不得少于三十日。组织编制机关应当充分考虑专家和公众的意见，并在报送审批的材料中附具意见采纳情况及理由。"

---

[1] 中国人大网. 中华人民共和国城乡规划法（2019年4月23日第二次修正）[EB/OL]. 中华人民共和国生态环境部，（2019-04-23）[2019-06-05]. https://www.mee.gov.cn/ywgz/fgbz/fl/201906/t20190605_705768.shtml.

"第四十六条 省域城镇体系规划、城市总体规划、镇总体规划的组织编制机关,应当组织有关部门和专家定期对规划实施情况进行评估,并采取论证会、听证会或者其他方式征求公众意见。组织编制机关应当向本级人民代表大会常务委员会、镇人民代表大会和原审批机关提出评估报告并附具征求意见的情况。"

相关政府部门或有关单位应当事先进行公告,不得少于30日。规划设计阶段和城区建设和运行阶段的公众参与均至少开展两轮,每轮持续时间不少于3个月。公众参与组织完成后,应当对公众意见或建议进行反馈,说明采纳情况及理由。公众参与的步骤和流程可参考图11-1。

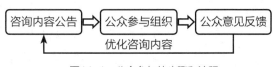

图11-1 公众参与的步骤和流程

💬 具体评价方式

本条文适用于规划设计、实施运管评价。

规划设计阶段审核公众参与的相关文件、现场影像记录、意见回复,以及规划设计文件的修改。

实施运管阶段审核城区建设,以及运行过程中的公众参与相关文件、现场影像记录、意见回复,以及实际落实措施。

11.1.2 应编制绿色生活与消费导则。

📋 条文说明扩展

我国生态环境部发布了《关于加快推动生活方式绿色化的实施意见》(环发〔2015〕135号),引导生活方式向绿色化转变,提出要广泛开展绿色生活行动,推动全民在衣、食、住、行、游等方面加快向勤俭节约、绿色低碳、文明健康的方式转变。该实施意见倡导勤俭节约的消费观,积极引导消费者购买节能环保低碳产品,倡导绿色生活和休闲模式,严格限制发展高耗能服务业,坚决抵制和反对各种形式的奢侈浪费、不合理消费。

制定《绿色生活与消费导则》(以下简称《导则》),普及生活方式绿色化的知识和方法,引导城区居民践行绿色生活方式和绿色消费。《导则》内容的制定需要根据当地的生活习惯、习俗和文化,因地制宜地提出合理实用的绿色生活和消费的内容,如,引导市民开展垃圾分类和减少生活垃圾产生,鼓励使用环保购物袋,适度点餐或剩余食物打包以减少浪费,引导市民实践绿色出行等具体内容。

《导则》应当包含但不限于以下内容:珍惜粮食与适度点餐、健康饮食习惯、绿色出行、适度消费与避免过度包装、推广无污染、无公害的绿色产品、垃圾分类、行为节能节水、鼓励全民健身等。此外,《导则》还可以包含相应的奖励措施,以激励全民自觉坚持践行《导则》。另外，《导则》在实施运管阶段应结合评分项第11.2.10条开展绿色教育和绿色实践予以进行推广和普及。

📑 案例

香港环境保护署编制的《节能减废低碳生活模式》，从衣、食、住、行四大方面提供实用、通俗和平时居民容易忽略的绿色生活与消费知识点，鼓励群众转变生活模式，树立环保观念，如倡导群众购买洗衣机或干衣机时，选择一级能源标签的型号；拉上窗帘或百叶帘，避免阳光直接照射，可以降低室温；避免把冰箱放置于直射的阳光下、烤炉或其他发热的物体旁边等等。除此以外，当地政府还相应推出多元的宣传方式与配套平台提高群众的绿色生活意识，如通过电视广告及网站对手册内容进行多方位宣传，推出手机应用程序让群众方便阅览不同类型的回收点，构建二手物品交易平台供群众进行捐赠、售卖或交换的环保交易活动，等等。

💬 具体评价方式

本条文适用于规划设计、实施运管评价。

规划设计阶段审阅城区《绿色生活与消费导则》。

实施运管阶段审核《绿色生活与消费导则》的发行和普及情况。

11.1.3　应有效保护城区内历史文化街区、历史建筑以及其他历史遗存。

📋 条文说明扩展

文物是不可再生的文化资源，保护城区内的文物，对于继承中华民族优秀的历史文化遗产，保留当地的历史脉络和文化记忆极其重要，同时也能避免出现千城一面的现象。绿色生态城区规划应根据《中华人民共和国文物保护法》和《历史文化名城名镇名村保护条例》对城区内的省、自治区、直辖市人民政府核定公布的历史文化街区，以及对省、市和县级文物保护单位进行保护，还应遵循当地施行的《历史文化名城、名镇、名村、街区保护规划》等相关法定规划。

《历史文化名城名镇名村保护条例》中华人民共和国国务院令第524号规定：[①]

"第三条　历史文化名城、名镇、名村的保护应当遵循科学规划、严格保护的原则，保持和延续其传统格局和历史风貌，维护历史文化遗产的真实性和完整性，继承和弘扬中华民族优秀传统文化，正确处理经济社会发展和历史文化遗产保护的关系。"

---

① 国务院办公厅. 历史文化名城名镇名村保护条例[EB/OL]. 中国政府网，（2008-04-22）[2008-04-29]. http://www.gov.cn/flfg/2008-04/29/content_957342.htm.

"第二十三条 在历史文化名城、名镇、名村保护范围内从事建设活动，应当符合保护规划的要求，不得损害历史文化遗产的真实性和完整性，不得对其传统格局和历史风貌构成破坏性影响。"

"第二十六条 历史文化街区、名镇、名村建设控制地带内的新建建筑物、构筑物，应当符合保护规划确定的建设控制要求。"

"第二十七条 对历史文化街区、名镇、名村核心保护范围内的建筑物、构筑物，应当区分不同情况，采取相应措施，实行分类保护。

历史文化街区、名镇、名村核心保护范围内的历史建筑，应当保持原有的高度、体量、外观形象及色彩等。"

"第四十七条 本条例下列用语的含义：（一）历史建筑，是指经城市、县人民政府确定公布的具有一定保护价值，能够反映历史风貌和地方特色，未公布为文物保护单位，也未登记为不可移动文物的建筑物、构筑物。（二）历史文化街区，是指经省、自治区、直辖市人民政府核定公布的保存文物特别丰富、历史建筑集中成片、能够较完整和真实地体现传统格局和历史风貌，并具有一定规模的区域。"

💬 **具体评价方式**

本条文适用于规划设计、实施运管评价。若城区内无历史文化街区和历史建筑或其他历史遗存等文物，此项不参评。

规划设计阶段审核历史文化街区和历史建筑以及其他历史遗存等文物的保护规划。

实施运管阶段现场抽查历史文化街区和历史建筑，以及其他历史遗存等文物的保护和修复情况。

11.2 评分项

Ⅰ 以人为本

11.2.1 城区规划设计、建设与运管阶段，公众参与的组织形式和参与主体多样化，评价总分值为8分，应按下列规则分别评分并累计：

1 公众参与组织形式多于四种，得4分；

2 公众参与的参与主体包括政府机构、非政府/非营利机构、专业机构和居民，得4分。

条文说明扩展

本条条文的要求针对控制项11.1.1提出了具体的公众参与的要求。

应当制定公众参与计划，策划书应科学、合理并且可实施，应清晰地阐述活动背景、拟计划采用的组织形式、主要议题、参与主体、时间阶段、具体流程、预算，以及组织活动中可能出现的问题及应对措施。

公众参与组织形式包括但不限于：网上咨询、街头访问、问卷调查、讲座、巡回展览、社区工作坊等，或者是召开论证会、听证会、咨询会、论坛或研讨会等。

公众参与的主体包括政府机构、非政府／非营利机构、专业机构、居委会和城区居民等。其中，非政府／非营利机构可包括公民社会团体、独立部门、慈善部门、义工团体、志愿者协会等，专业机构包括各类专业学会、协会、科研院所、高校等。居民参与和意见收集主要以城区内居民为主。若城区内无原居民，或原居民数量很少，或原居民和未来城区定位希望引入的使用人群不符，应首要考虑城区周边社区的居民。网上意见收集则可包含申报城区所在城市的居民。具体的公众参与主体应根据各城区的具体定位和所在发展阶段合理确定。

应当建立良好的反馈机制，在公众参与的过程中收集到的意见或建议，应逐一进行回复并做好记录。对于公众提出的疑问，应逐一进行说明和解释并做好相关记录。

应当记录并保存公众参与过程中产生的资料，包含但不限于文件和影像资料。各阶段的公众参与完成后应编制并发布城区规划《公众参与专项报告》，包含但不限于以下内容：背景介绍、主要议题、公众参与过程、主要公众意见及回复、公众意见分析与总结、检讨与策略等。报告应在城区的相关政府网页、公众号等平台提供免费下载。

案例

某既有城区的城市更新规划设计阶段实施公众参与，制定了三个阶段的公众参与计划（表11-2），包含背景、议题、参与形式、参与主体、参与流程和预算等内容，每个阶段持续时间为三个月；具体实施过程中，采取了海报（展板）、讲座、研讨会、咨询会、论坛、社区工作坊、实地考察等组织形式；邀请参与的组织和个人包含各级相关政府部门、专业学会（城市规划学会、园景师学会、建筑师学会、规划师学会）以及与规划片区内和周边的居民；每阶段实施完成之后组织专家或相关人员对公众提出的建议或意见进行分析和论证，得出该阶段规划和设计检讨，并编制相应的公众参与摘要。整个公众参与的过程中产生的文件和影像资料保存完整，包括调查问卷、背景资料宣传手册、公众参与摘要、活动照片和视频资料等内容。根据条文评价要求，该项目公众参与组织形式多于四种，并且公众参与的参与主体包括政府机构、非政府／非营利机构、专业机构和居民，可以得8分。

表11-2 该项目公众参与的三个阶段

阶段		第一阶段	第二阶段	第三阶段
时间		2004.9—2004.11	2005.11—2006.1	2006.6—2006.8
主题		公众理想中未来的发展蓝图	概念规划大纲图	初步发展大纲图
目的		介绍检讨背景，研究方法及计划，启德的发展限制、机会及主要的发展项目，公众参与的整体计划	展示以第一阶段公众参与活动所搜集的土地利用构思拟备的概念大纲图，并诚邀公众对不同发展概念发表意见展示以第一阶段公众参与活动所搜集的土地利用构思，用作拟备下一阶段	确定初步大纲之前，让公众尽早对该图提出反馈意见
内容		重点在于区域发展理想	重点在于三个概念规划大纲图的具体发展概念	重点在于发展方案的详细内容
形式	咨询摘要	√	√	√
	海报/展板	√	√	√
	讲座/研讨会	√	—	—
	简介/咨询会	20	20	20
	书面意见/建议	250	150	130
	论坛	3	7	16（含讨论小组会议）
	社区工作坊	1	0	0
	实体/电脑模型	—	√	√
	实地考察	—	√	—
参与组织/个人		相关各级政府部门、海滨事务委员会、专业学会（当地城市规划学会、园景师学会、建筑师学会、规划师学会等）、公众人士		
咨询/协办机构		各类委员会、专业学会、大学研究机构、非营利组织		

😐 **具体评价方式**

本条文适用于规划设计、实施运管评价。

城区规划设计阶段审核城区规划阶段《公众参与专项报告》和相关过程记录，包括文件和影像资料等。

实施运管阶段审核城区建设，以及运行过程中的公众参与策划书、报告书和相关过程记录，包括文件和影像资料。

11.2.2　城区公益性公共设施免费开放使用，评价总分值为8分。城区公益性公共设施免费开放率达到70%，得5分；达到80%，得6分；达到90%，得8分。

📋 条文说明扩展

随着城市的不断发展，人们对城市品质和生活质量的要求也越来越高。城区中公共设施的开放水平直接地反映了该城区的宜居程度。本标准公益性公共设施包括：公共图书馆、文化馆（站）、博物馆、美术馆、纪念馆、科技馆、公益体育馆、青少年宫、公益性城市公园、公共自行车及其相关设施等。

公共设施免费开放率计算方法：城区免费开放公共设施个数÷城区公共设施总个数。

公共设施免费开放可以采取不同形式，如：完全免费、每周指定时间免费、对指定年龄段人群免费等。

📑 案例

某地从2016年8月1日起五间指定收费博物馆，即历史博物馆、文化博物馆、艺术馆、海防博物馆和孙中山纪念馆的常设展览，将免费开放于所有公众人士参观；而科学馆和太空馆的常设展览则会免费开放给全日制学生。

💬 具体评价方式

本条文适用于实施运管评价。

实施运管阶段审核城区主管部门提交的城区公共设施免费开放使用情况报告，现场抽查执行情况。

11.2.3　设置完善的养老服务设施和体系，评价总分值为7分。每千名老年人床位数达到30张，得3分；达到35张，得5分；达到40张，得7分。

📋 条文说明扩展

我国老龄化程度日益严峻，是世界上唯一一个老年人口超过1亿的国家。[1]截至2012年底，我国60周岁以上老年人口已达1.94亿，2020年将达到2.43亿，2025年将突破3亿。[2]随着人口老龄化程度的不断加深，养老服务需求不断增加，各地都在积极探

---

[1] 中国日报. 民政部部长：中国是世界上唯一老年人口超过1亿的国家[N/OL]. 中国在线，（2012-05-17）. http://www.chinadaily.com.cn/dfpd/shehui/2012-05/17/content_1532096.htm.

[2] 数据引自国务院《关于加快发展养老服务业的若干意见》（国发〔2013〕35号）。国务院办公厅. 国务院关于加快发展养老服务业的若干意见（国发〔2013〕35号）[EB/OL]. 中国政府网，（2013-09-06）[2013-09-13]. http://www.gov.cn/zwgk/2013-09/13/content_2487704.htm.

索老有所养的解决办法。提升养老设施的完善程度和服务水平，积极应对人口老龄化趋势，是建设人文、宜居城市的必要举措。

一方面，完善的养老服务设施是建立完善的养老服务体系的基础。因此，应结合社区服务设施建设，增加养老设施网点，增强社区养老服务能力。养老服务设施应包括但不限于以下内容：老年人日间照料中心、托老所、老年人活动中心/场所、互助式养老服务中心、无障碍设施、完备的医疗设施等。

另一方面，国务院《关于加快发展养老服务业的若干意见》（国发〔2013〕35号）提出了"到2020年，全面建成以居家为基础、社区为依托、机构为支撑的，功能完善、规模适度、覆盖城乡的养老服务体系"。社区养老服务是居家养老服务的重要支撑，具有社区日间照料和居家养老支持两类功能，主要面向家庭日间暂时无人或者无力照护的社区老年人提供服务。政府和社区应支持和培育居家养老服务企业和机构，为居家老年人提供上门的助餐、助浴、助洁、助急、助医等定制服务。政府和社区还应倡议、引导多种形式的志愿活动及老年人互助服务，动员各类人群参与社区养老服务，更全面和广泛地完善社区养老服务。除此之外，政府和社区可以为老年人举办多种形式的社区活动，或者允许老年人参与社区的管理与维护工作，以加强老年人与社区的互动，满足老年人老有所为的期望。国务院《关于推进养老服务发展的意见》（国办发〔2019〕5号）提出了"确保到2022年在保障人人享有基本养老服务的基础上，有效满足老年人多样化、多层次养老服务需求，老年人及其子女获得感、幸福感、安全感显著提高"。[①]

国家发展改革委、民政部、财政国土资源等部门在2014年9月12日联合发布了《关于加快推进健康与养老服务工程建设的通知》（发改投资〔2014〕2091号），提出养老服务工程建设的目标之一为养老服务体系建设："到2015年，基本形成规模适度、运营良好、可持续发展的养老服务体系，每千名老年人拥有养老床位数达到30张，社区服务网络基本健全。到2020年，全面建成以居家为基础、社区为依托、机构为支撑的，功能完善、规模适度、覆盖城乡的养老服务体系，每千名老年人拥有养老床位数达到35-40张。"[②]2019年2月，国家发展改革委、民政部、国家卫生健康委共同制定的《城企联动普惠养老专项行动实施方案（试行）》（发改社会〔2019〕333号）公布。[③]该方案不仅进一步阐明了"政府支持、社会运营、合理定价"的根本原则，还列出了行动"日程表"：到2022年，两项目标需要达成，一是宏观目标——要形成支持社会力量发展普惠养老的有效合作新模式；二是具体目标——城市每千名老年人拥有40张养老床位，护理型床位占

---

① 国务院办公厅. 国务院办公厅关于推进养老服务发展的意见（国办发〔2019〕5号）[EB/OL]. 中国政府网，（2019-03-29）[2019-04-16]. http://www.gov.cn/zhengce/content/2019-4/16/content_5383270.htm.

② 发展改革委网站. 关于加快推进健康与养老服务工程建设的通知（发改投资〔2014〕2091号)[EB/OL]. 中国政府网，（2014-09-12）. http://www.gov.cn/zhengce/2016-05/22/content_507605.htm.

③ 发展改革委网站. 关于印发《城企联动普惠养老专项行动实施方案（试行）》的通知（发改社会〔2019〕333号）[EB/OL]. 中国政府网，（2019-02-20）. http://www.gov.cn/zhengce/zhengceku/2019-09/29/content_5434985.htm.

比超过60%。

除了在规划阶段根据城区发展定位，配置完善和充足的养老硬件设施以外，在实施运管阶段还应考虑完善和健全各类软性养老服务措施，可结合各类智慧养老平台和大健康平台服务，通过物联网、5G、云服务等技术，全方位关注老年人的身心健康，建立起软硬结合的养老服务体系。

在促进老年人心理健康和获得感方面，日本某养老院在提供床位与常规康复护理服务的同时，还提供多种娱乐与休闲活动的场地，如跳舞、唱歌、插花、水上芭蕾、电子游戏，定期组织茶话会、运动会，丰富老人的日常生活。另一方面，该养老院采取发放内部积分的方式鼓励老人们积极参加康复训练或者配合护工工作，比如散步100m，奖励100积分；自己刮胡子、洗头，也能获得相应积分。攒下一定积分后，老人可以兑换自己想做的事情，比如买喜欢的饮料和零食；攒了更高的积分后，可以兑换陪同外出的行程，如扫墓和逛街购物等。很多之前事事需要照顾的老人，开始主动要求自己做事，更积极生活，人人都动了起来，老人的精神面貌和健康状况明显改善。痴呆的患病率更是大大降低。

⊙ 具体评价方式

本条文适用于规划设计、实施运管评价。

规划设计阶段审核城区社区养老服务体系建设专项规划。

实施运管阶段现场检查养老服务设施运行情况，审查养老服务设施满意度调查报告。

11.2.4　设置针对失业和残障人士的就业介绍和技能培训服务体系，评价分值为6分。

📋 条文说明扩展

设置针对失业和残障人士的就业介绍和技能培训体系，体现了对社会弱势群体的关怀。引导经认定的职业培训机构、公益性职业介绍机构和残障人士就业服务机构等机构根据市场，以及失业和残障人士需求，为其提供针对性强、多层次的职业技能培训、实用技术培训和职业介绍服务，强化实际操作技能训练和职业素质培训，选择性提供职业心理咨询、职业适应评估、职业康复训练、求职定向指导等服务，积极促进社会弱势群体就业。就业介绍和技能培训服务的功能可设置在城区内的公共服务设施当中，如：社区服务中心等。技能培训除一般的就业技能培训外，还可以提供绿色相关行业，如有机耕种、绿色施工、可循环材料和可再利用材料的再利用等的技能培训，为绿色相关行业培养人才，促进绿色经济产业的发展。此外，还可以开发社区服务、养老服务、交通协管、保洁、绿化等公益性岗位。这些就业介绍和技能培训服务应当免费且定期举办。

应制定具体计划，明确实施步骤和措施，并进行年度检查和评估。

💬 **具体评价方式**

本条文适用于实施运管评价。

实施运管阶段审核该体系建设情况总结报告。

11.2.5 设置人性化和无障碍的过街设施，增强城区各类设施和公共空间的可达性，评价总分值为7分，应按下列规则分别评分并累计：

1　20%过街天桥和过街隧道设置无障碍电梯或扶梯，得3分；

2　所有人行横道设置盲人过街语音信号灯，得2分；

3　合理设置夜间行人按钮式信号灯，得2分。

📋 **条文说明扩展**

可达性是指从一个地方到达另一个地方的难易程度，增强城区各类设施和公共空间的可达性，不仅可以提高居民的生活质量和满意度，也可以增加城区的吸引力。

人性化的过街人行横道设施体现了城区设计对不同使用者需求的关爱。在城市的一些重点路段、交通枢纽、商业中心等人流密集地区的天桥和过街隧道设置无障碍电梯或扶梯，不仅能够方便残障人士的出行，同时也能为老年人以及携带行李的人们提供便利。

设置盲人过街语音信号灯能大大地方便盲人获知过街信号，安全通过人行横道。同时给弱视和色盲的人群提供了便利。

根据不同等级城区道路的路况，在夜间城市道路的非繁忙时段设置行人按钮式信号灯，既方便无行人需要穿过人行横道时，车辆能够顺利通过，增加行驶效率，也能方便行人需要穿过人行横道时，能够安全通过人行横道。提高夜间穿过人行横道的安全性。

💬 **具体评价方式**

本条文适用于规划设计、实施运管评价。

规划设计阶段审核行人人性化和无障碍过街设施设计图纸。

实施运管阶段审查现场设施安装和运行情况。

Ⅱ　绿色生活

11.2.6 鼓励城区开展节能，有促进节能措施，评价总分值为6分，应按下列规则分别评分并累计：

1　制定管理措施，公共建筑夏季室内空调温度设置不低于26℃，冬季室内空调温度设置不高于20℃，评价分值为3分；

2　制定优惠措施，鼓励居民购置一级或二级节能家电，评价分值为3分。

📖 条文说明扩展

随着我国居民生活质量的提升，居民对室内舒适度的要求也不断提高。从绿色生活角度出发，夏天室内空调温度设置过低，冬天室内空调温度设置过高，将大大提高能源使用量。另外，高能耗家电的购买和使用，也不利于城区节能。

节能资源是我国的基本国策。《中华人民共和国节约能源法》（下文简称《节约能源法》）第三十七条明确规定使用空调供暖、制冷的公共建筑应当实行室内温度控制制度。国办发〔2007〕42号文《国务院办公厅关于严格执行公共建筑空调温度控制标准的通知》明确规定了公共建筑夏季室内空调温度设置不得低于26℃，冬季室内空调温度设置不得高于20℃的要求。现行国家标准《空气调节系统经济运行》GB/T 17981—2007中4.1.2规定了空调系统经济运行的室内环境的主要控制参数的阈值，即夏季公共建筑的一般房间在相对湿度控制在40%～65%，新风量控制在每人每小时10～30m³的情况下，温度控制应大于等于26℃。对于一些对外经营的且标准要求较高的特定房间，温度控制可适当降低，但应大于等于24℃。城区主管部门应该制定激励或管理措施，鼓励办公建筑和大型公共建筑夏季室内空调温度设置不低于25℃，冬季室内空调温度设置不高于20℃。相关管理单位应当引导和鼓励公众实践行为节能，比如鼓励夏季清凉着装，非正式场合可不着西装、不打领带等，也有利于使用者在室内空调温度不低于26℃情况下保持良好的舒适度。

此外，家电拥有量的增长，也带来了巨大的能源消耗。《节约能源法》第十八条指出，国家对家用电器等使用面广、耗能量大的用能产品，实行能源效率标识管理。《能源效率标识管理办法》规定，国家发改委、国家质检总局和国家认监委负责能源效率标识制度的建立并组织实施。自2005年，我国能源效率标识制度从冰箱和空调两个产品开始实施，至2016年8月国家发展改革委、国家质检总局和国家认监委联合已发布了十二批《中华人民共和国实行能源效率标识的产品目录》，总计35类产品，[①]包括：显示器、液晶电视机、等离子电视机、电饭锅、电磁炉、家用洗衣机、电冰箱、储水式电热水器、节能灯、高压钠灯、打印机、复印机、电风扇、空调等。目前，我国的能效标识将能效从低到高分为1、2、3、4、5共五个等级，为消费者（包括各级政府、企业和个人）的购买决策提供必要的信息，以引导和帮助消费者选择高能效的产品，有助于培养和提高消费者节能意识。城区主管部门应当制定优惠措施，如直接补贴或以旧换新等措施鼓励居民购置一级或二级节能家电。

---

① 参考《中华人民共和国实行能源效率标识的产品目录》（2016年版）。

⊙ 具体评价方式

本条文适用于实施运管评价。

实施运管阶段审核城区主管部门的相关管理和优惠措施以及实施效果。

11.2.7 鼓励城区开展节水，有促进节水措施，评价总分值为6分，应按下列规则分别评分并累计：

1 制定用水阶梯水价，促进居民开展行为节水，评价分值为3分；

2 制定优惠措施，鼓励居民购置节水器具，评价分值为3分。

▤ 条文说明扩展

随着城镇化快速推进和经济社会稳步发展，我国城市用水人口和用水需求大幅度增长，虽然供水普及率和服务能力不断提高，但我国仍然属于缺水国家，人均淡水资源只有世界水平的四分之一。鼓励城区开展节水，减少水资源浪费，对保护水资源具有重要意义。

促进城区居民实行生活节水有许多不同方式，从城区管理层面来说，利用价格杠杆，在满足居民的基本用水要求的前提下，对超额用水实行阶梯式累进加价，能够促使居民实行行为节水。阶梯水价的制定既可以是城区内实施，也可以是城区所属城镇的阶梯水价制度。此外，制定优惠措施，促进居民购买和使用节水器具，如节水龙头、淋浴喷头、坐便器，乃至节水型洗衣机，亦是实现城区节水的有效途径。节水器具购置的优惠措施既可以是城区内实施的优惠措施，也可以是城区所属城镇实施的优惠措施。节水器具应满足现行标准《节水型生活用水器具》CJ/T 164及《节水型产品通用技术条件》GB/T 18870的要求。

⊙ 具体评价方式

本条文适用于实施运管评价。

实施运管阶段审核城区或所属城镇的水价和节水器具购置优惠措施及实施效果。

11.2.8 鼓励城区绿色出行，有促进绿色出行措施，评价总分值为6分，应按下列规则分别评分并累计：

1 针对不同使用人群，制定公交优惠制度，得3分；

2 针对不同使用人群，制定公共自行车租赁优惠制度，得3分。

🗐 **条文说明扩展**

绿色出行有利于节约能源、提高通行效率、减少环境污染,还可以促进健康。在本标准的绿色交通评价指标中,对绿色交通出行体系建设提出了相关要求。配合绿色交通体系建设,在人文方面,本条提出了设置鼓励居民绿色出行的公交优惠制度、公共自行车租赁优惠制度或其他有效鼓励绿色出行的政策和制度的要求,从行政管理层面推动绿色生活和绿色出行。公交票价优惠制度和公共自行车租赁优惠制度既可以是城区内部的有关优惠制度,也可以将城区纳入城市层面优惠制度的覆盖范围。公共自行车包含政府公共自行车、政企合作或企业推出的共享自行车。优惠制度的制定应针对不同使用人群的需求开展,并在制定过程当中实施公众参与。

共享单车解决了民众出行"最后一公里"的问题,然而城市自行车道等相关设施设计不健全,也同时带来人车混行、自行车乱停乱放等安全隐患、街道拥堵和影响市容问题。2017年颁布的《交通运输部等10部门关于鼓励和规范互联网租赁自行车发展的指导意见》[①]提出城市人民政府是共享单车管理的责任主体,要完善自行车交通网络,合理布局慢行交通网络和自行车停车设施,积极推进自行车道建设,优化自行车交通组织,完善道路标志标线等。要推进自行车停车点位设置和建设。制定适应本地特点的自行车停放区设置技术导则,规范自行车停车点位设置,施划配套的自行车停车点或通过电子围栏等设定停车位。提出"要引导有序投放车辆,根据城市特点、发展实际等因素研究建立车辆投放机制,引导企业合理有序投放车辆"。

💬 **具体评价方式**

本条文适用于实施运管评价。

规划设计阶段提交城区或所在区、市的自行车道及相关配套设施的专项规划进行预评价(本要求可探讨是放在绿色交通或绿色人文章节)。

实施运管阶段审核城区或城市公交部门提交的公交优惠制度或其他有效鼓励绿色出行的政策、制度相关文件。

11.2.9 采取管理措施促进生活垃圾源头减量,评价总分值为6分,应按下列规则分别评分并累计:

1 制定促进居民开展垃圾分类的管理措施,得2分;

2 制定垃圾袋收费制度,实施居民生活垃圾袋收费,得2分;

3 制定限制商品过度包装的管理办法,得2分。

---

① 交通运输网. 交通运输部等10部门关于鼓励和规范互联网租赁自行车发展的指导意见[EB/OL]. 中国政府网,(2017-08-01)[2017-08-03]. http://www.gov.cn/xinwen/2017-08/03/content_5215640.htm.

📄 条文说明扩展

根据建设部、国家环境保护总局、科学技术部联合发布的建城〔2000〕120号《城市生活垃圾处理及污染防治技术政策》及2020年实施的《北京市生活垃圾管理条例》，生活垃圾是指包括单位和个人在日常生活中或者为城市日常生活提供服务的活动中产生的固体废弃物，以及法律、行政法规规定视为生活垃圾的固体废物。

随着我国社会经济的发展和人民生活水平的提高，城市生活垃圾也迅速增加。2016年，214个大、中城市生活垃圾产生量18 850.5万t；2017年，202个大、中城市生活垃圾产生量20 194.4万t；2018年，200个大、中城市生活垃圾产生量21 147.3万t。有些垃圾可以回收再利用，例如纸类、金属、塑料、玻璃等，通过综合处理回收利用，可以减少污染，节省资源；有些垃圾危害人类身体健康，如废电池、废荧光灯管、废水银温度计、过期药品等，这些垃圾需要特殊安全处理；有些垃圾难以分解，破坏土质，如塑料制品等。

城区居民绿色生活方式的转变，其中与日常生活息息相关的一项便是减少日常生活垃圾产生。为了减少生活垃圾产生，政府可开展一系列的宣传、教育和鼓励、引导措施，如鼓励居民进行垃圾分类，教育市民开展"光盘行动"，超市里出售去土、去烂叶的净菜，减少厨余产生；餐饮服务场所设置不剩餐的醒目标识；减少一次性消费品的使用，如一次性餐具；购物时减少包装袋的使用，避免过度包装产生的废弃包装盒；设置旧衣物回收箱，促进旧物再利用；设置废旧电池回收箱等。关于垃圾分类和源头减量等措施应写入11.1.2条控制项《绿色生活与消费导则》当中。

另外，城区主管部门还应考虑采取管理措施减少生活垃圾和包装废弃物的产生，如实施居民生活垃圾袋收费，超市塑料袋使用收费，制定限制商品过度包装的管理办法等。有些城市如广州，已于2014年出台《广州市限制商品过度包装管理暂行办法》（广州市人民政府令第101号）。

除了在源头鼓励居民进行减废和垃圾分类外，规划阶段需制定合理的收集、运输和处理线路和方案，保证垃圾从源头到处理整个过程都做好分类，以实现生活垃圾的减量化、资源化和无害化目标。

2020年5月1日，新版《北京市生活垃圾管理条例》开始实施，"第八条 本市按照多排放多付费、少排放少付费，混合垃圾多付费、分类垃圾少付费的原则，逐步建立计量收费、分类计价、易于收缴的生活垃圾处理收费制度，加强收费管理，促进生活垃圾减量、分类和资源化利用"。并"坚持高标准建设、高水平运行生活垃圾处理设施，采用先进技术，因地制宜，综合运用焚烧、生化处理、卫生填埋等方法处理生活垃圾，逐步减少生活垃圾填埋量"。

📋 案例

　　某生态城不定期在不同地点举办有关废弃物源头分类的讲座、展览，巡回推广活动，宣传教育市民从源头开始垃圾分类。为住宅及工商业楼宇免费提供回收桶，鼓励市民在源头先行分类，大致分为可回收、厨余、有害垃圾及其他四类；住宅小区可回收垃圾通过智能垃圾回收平台投放，居民可以此换取积分，在社区兑换店直接抵用柴米油盐消费；厨余垃圾在经过微生物分解后，将残渣制造成绿化基肥，实现生态反哺，其他垃圾才会送到垃圾场焚烧，有害垃圾集中收集并进行特殊处理。居民楼物业处设置利是封回收箱、废旧衣物回收站和废旧电池回收箱，政府定期收集回收旧物物品捐赠给慈善机构或回收商，居民能够实时了解捐赠物品的动态并能收到最终受益者的感谢信或者表扬信。生态城每年举办家居废物源头分类奖励计划，表扬表现卓越的小区。

　　引导居民循环利用旧物以及分类回收垃圾。

💬 具体评价方式

　　本条文适用于实施运管评价。

　　实施运管阶段审核城区主管部门关于减少居民生活垃圾产生量，促进居民开展垃圾分类的管理措施、垃圾袋收费制度和限制商品过度包装管理办法的实施情况的总结报告。

III　绿色教育

11.2.10　开展绿色教育和绿色实践，评价总分值为6分，应按下列规则分别评分并累计：

1　针对青少年开展绿色教育和绿色实践，得3分；

2　设置绿色行动日活动，构建多样的宣传教育模式与平台，得3分。

📋 条文说明扩展

　　绿色教育是对青少年普及绿色、环保和低碳生活理念，以及基本专业知识的重要途径，也是引导青少年践行绿色生活方式和绿色消费的基本方法。绿色教育的开展应针对不同年龄段制定不同的教材，可以由城区自行编制或者采用认可机构出版的绿色教育方面的教材，同时也可结合城区编制的《绿色生活与消费导则》开展宣传教育，或通过各类网上平台、公众号、自媒体、电梯广告、社区电子版公告、小程序等多样创新的方式进行。另外，通过绿色社区实践能够向市民普及绿色、环保和低碳生活理念，以及基本专业知识。绿色社区实践可以是绿色教育课程中的一个组成部分，也可以是由城区志愿者组织、慈善团体或非营利机构开展的实践活动。实践活动内容可包括但不限于：绿色教育讲座、绿色出行（无车日）、社区植树活动、旧衣物捐赠回收活动、旧书本回收或交换活动、废旧电池回收、绿色生活小知识比赛或宣传等各类形式的活动。

开展绿色行动日可以由政府部门主导，同时邀请绿色相关的非营利团体、社区、学校、企业等共同参与。绿色行动日活动可每年举办一次或多次，可包括但不限于以下活动：植树活动、夏天清凉着装上班活动和每周一天素食活动等。

📋 案例

某小学设立了"环境教育资源中心"，内设有小型的图书角、展览柜、多媒体资料库和直通主要环保网站的电脑终端机，并且与当地著名的环保团体维持着密切的伙伴关系，令老师和同学可以随时得到支援。并且在教学中巧妙地把可持续发展的思想渗透、相互紧扣在既定的课程单元里面，例如生物或自然课上老师与同学们一同查核校园里的花卉和树木学名，又或在校园内放置观鸟的望远镜等可加深学生对学科的理解能力，还可培育他们爱护自然界的决心，成本小且效益大。

💬 具体评价方式

本条文适用于实施运管评价。

实施运管阶段审核城区针对不同年龄段青少年的绿色教育教材、绿色行动日活动方案、绿色教育和绿色实践的宣传及实施情况总结报告以及绿色行动日活动开展情况总结报告。

运行阶段审核平台建设的实施情况总结报告。

11.2.11　城区内中小学和高等学校获得绿色校园认证的比例达到20%，得3分；达到50%，得6分。

📄 条文说明扩展

绿色校园不仅有利于营造环境友好的校园环境，有助于促进师生的身心健康，利于开展节能减排，也有利于绿色教育的开展，让师生通过在绿色校园的环境中学习与生活，亲身感受绿色校园带来的美好。根据《绿色校园评价标准》CSUS/GBC 04—2013的定义，绿色校园是指：在其全寿命周期内最大限度地节约资源（节能、节水、节材、节地），保护环境，减少污染，为师生提供健康、适用、高效的教学和生活环境，具有对学生进行环境教育的功能，与自然环境和谐共生的校园。该评价标准对绿色校园的评价，分为设计和运行两个阶段，设置节地与可持续发展场地、节能与能源利用、节水与水资源利用、节材与材料资源利用、室外环境与污染物控制、运行管理、教育推广等七类指标体系。该评价标准只设一个最终评价标识，即"绿色校园评价标识"。通常来说，获得"绿色校园评价标识"的学校校园环境优良。

🗨 具体评价方式

本条文适用于规划设计、实施运管评价。

规划设计阶段审核城区绿色建筑专项规划中关于绿色校园的星级分布潜力规划。

运行阶段审核城区内获得绿色校园评价标识认证的校园数量。

11.2.12 构建绿色生态城区展示与体验平台，评价分值为6分。

📃 条文说明扩展

绿色生态城区展示平台的构建是向大众和专业人员展示绿色生态城区规划设计和建设背景、理念、技术和策略，了解绿色生态城区与保护环境和节能减排的关系，了解绿色生态城区如何能够引导其践行绿色生活等方面的重要途径。平台的建设可通过多种渠道实现，如网站平台建设、宣传短片、技术展示和VR虚拟现实体验等并提倡利用高科技的展示技术、全方位的内容互动体验等直观生动的方式。

城区采用两种或以上途径或形式来构建展示与体验平台。

🗨 具体评价方式

本条文适用于规划设计、实施运管评价。

规划设计阶段审核绿色生态城区展示平台建设计划。

运行阶段审核平台建设的实施情况总结报告。

11.2.13 城区政府部门和企业展现绿色社会责任感，评价分值为6分。

📃 条文说明扩展

绿色教育不仅需要体现在对青少年和普通市民的普及，城区政府部门人员和企业员工也需要进行绿色教育，培养政府部门和企业的绿色社会责任感，促进其积极主动地参与城区的可持续发展，降低环境影响。因此，应鼓励城区城府部门和企业制定并向公众公布其绿色发展政策与管理措施，如：政府部门和企业在实施运管上实施绿色采购，行为节能和节水的管理措施，绿色出行的管理措施等方面。此外，城区政府部门和企业也可以通过宣传绿色生活的公益广告和公益活动、投资绿色项目、租用或建设绿色办公室、制定用车和差旅政策、编写办公室节能减排指南等多种方式展现其绿色社会责任感。

ESG，即环境（Environment）、社会（Social）和治理（Governance）的缩写，是一种关注企业环境、社会、治理绩效的投资理念和企业评价标准。其包括信息披露、评估评级和投资指引三个方面，是社会责任投资的基础，是绿色金融体系的重要组成部分，也是企业绿色社会责任感的体现之一。

近年来，随着各种非财务风险日益凸显，ESG理念不仅已在国际上成主流，例如：美国证监会于2008年规定上市公司必须披露环境信息，并且美国环保局于2013年规定部分高温室气体排放上市公司必须披露其排放信息。相较之下，我国ESG发展起步较晚，却得到了政府、监管机构以及市场本身的重视。2012年，香港联合交易所有限公司发布上市规则附录《环境、社会及管治报告指引》，该附录提升了原强制披露要求，从"自愿遵守"提升至"不遵守就解释"。2015年，中国金融学会成立绿色金融专业委员会并系统性地提出构建中国绿色金融政策体系的建议。"十三五"规划纲要明确提出"建立绿色金融体系，发展绿色信贷、绿色债券，设立绿色发展基金"。依据《中国ESG发展白皮书2019》，近10年A股市场中的上市公司对可持续发展理念的重视程度逐步提升，主动选择披露社会责任报告的企业数量不断增加。截至2019年7月，在3631家A股上市公司中已有934家企业发布了社会责任报告。

应要求城区政府部门和城区内不少于10家具有代表性的企业应编制年度绿色社会责任报告，包含但不限于发展政策、管理措施、绿色宣传、环保效益等内容。

💬 具体评价方式

本条文适用于实施运管评价。

运行阶段审核城区政府部门和企业绿色社会责任报告。

IV　历史文化

11.2.14　对非文物保护单位，但有一定历史文化特色的既有建筑，做好保护与更新利用，评价分值为8分。

📑 条文说明扩展

绿色生态城区的规划设计与建设不仅需要对文物保护单位进行保留与维护，还要对具有一定历史文化特色的既有建筑进行保护或更新利用，传承历史文脉和人文价值。一方面，某些特殊的既有建筑见证了时代的兴落，代表一代人的记忆，具有一定的历史风貌。另一方面，拆除既有建筑后重新建造新建筑，一定程度上造成资源和能源的浪费，还将产生大量的建筑垃圾破坏和污染环境。对于有一定历史价值的，但是又未被评定为文物保护单位的建筑，优先考虑活化和改造再利用，而不是一味地大拆重建，这对保存城区的集体记忆和城区的地方特色也具有重要作用。在规划设计阶段，需要对城区内既有建筑进行调研和分析，合理确定城区适合保留并活化再利用的建筑，并制定科学、合理和可行的保护和更新利用方案。

🗎 案例

　　某工业区内留存当地20世纪80年代最早的一批工业建筑之一，见证了当时加工、制造业的迅速崛起和衰败，具有一定的历史和文化价值，对于表达城市的状态、性格与历史具有典型意义。2004年，根据当地某工业区的厂房的建筑特点以及政府对文化和创意产业的相关政策指引，通过将旧厂房改造为创意产业的工作室，引进各类型创意产业，如设计、摄影、动漫创作、教育培训、艺术等行业，还有一些有创意特色的相关产业如概念餐厅、酒廊、零售、咖啡等。通过这些改造，使旧厂房的建筑形态和历史痕迹得以保留，同时又衍生出更有朝气更有生命力的产业经济。

☺ 具体评价方式

　　本条文适用于规划设计、实施运管评价。

　　规划设计阶段审核城区规划文件资料，城区内既有建筑活化和改造再利用的调研和可行性分析报告等。

　　运行阶段审核建筑改造建设情况。

11.2.15　对城区非物质文化遗产进行保护、传承与传播，保留城区有价值的历史文化记忆，评价分值为8分。

📄 条文说明扩展

　　非物质文化遗产通常都具有悠久的历史和浓郁的地方文化特色，既是历史发展的见证，又是珍贵的、具有重要价值的文化资源。保护、传承与传播这些遗产，对保留当地历史文化记忆，以及社会的可持续发展战有重要意义。根据联合国教科文组织《保护非物质文化遗产公约》定义，非物质文化遗产是指被各社区、群体，有时是个人，视为其文化遗产组成部分的各种社会实践、观念表述、表现形式、知识、技能以及相关的工具、实物、手工艺品和文化场所。这种非物质文化遗产世代相传，在各社区和群体适应周围环境，以及与自然和历史的互动中，被不断地再创造，为这些社区和群体提供认同感和持续感，从而增强对文化多样性和人类创造力的尊重。在本公约中，只考虑符合现有的国际人权文件，各社区、群体和个人之间相互尊重的需要和顺应可持续发展的非物质文化遗产。"保护"指确保非物质文化遗产生命力的各种措施，包括这种遗产各个方面的确认、立档、研究、保存、保护、宣传、弘扬、传承（特别是通过正规和非正规教育）和振兴。

　　《中华人民共和国非物质文化遗产法》（中华人民共和国主席令第42号）规定：

　　"第二条　本法所指非物质文化遗产，是指各族人民世代相传并视为其文化遗产组成部分的各种传统文化表现形式，以及与传统文化表现形式相关的实物和场所。包括：

（一）传统口头文学以及作为其载体的语言；

（二）传统美术、书法、音乐、舞蹈、戏剧、曲艺和杂技；

（三）传统技艺、医药和历法；

（四）传统礼仪、节庆等民俗；

（五）传统体育和游艺；

（六）其他非物质文化遗产。

属于非物质文化遗产组成部分的实物和场所，凡属文物的，适用《中华人民共和国文物保护法》的有关规定。

第三条　国家对非物质文化遗产采取认定、记录、建档等措施予以保存，对体现中华民族优秀传统文化，具有历史、文学、艺术、科学价值的非物质文化遗产采取传承、传播等措施予以保护。"

"第三十七条　国家鼓励和支持发挥非物质文化遗产资源的特殊优势，在有效保护的基础上，合理利用非物质文化遗产代表性项目开发具有地方、民族特色和市场潜力的文化产品和文化服务。

开发利用非物质文化遗产代表性项目的，应当支持代表性传承人开展传承活动，保护属于该项目组成部分的实物和场所。

县级以上地方人民政府应当对合理利用非物质文化遗产代表性项目的单位予以扶持。单位合理利用非物质文化遗产代表性项目的，依法享受国家规定的税收优惠。"

城区应该对其所在县、市的非物质文化遗产进行调查，对于城区内列入国家级和省、市、县级名录的非物质文化遗产或其他发源于城区内的非物质文化遗产要进行重点保护、传承和传播，要配合所在县、市开展传播和推广工作。

💬 具体评价方式

本条文适用于规划设计、实施运管评价。

规划设计阶段审核城区及所属县、市非物质文化遗产调研报告或清单。

运行阶段审核其保护措施的落实情况报告，开展有关传播和推广工作的实施总结报告等，并现场抽查落实情况。

创新项

12

12.1 一般规定

12.1.1 绿色生态城区评价时，可按本章规定对绿色生态城区创新项进行评价，确定附加得分。

无条文说明扩展。

12.1.2 绿色生态城区创新项的得分，可按本标准第12.2节的要求确定；当各创新项总得分大于10分时，应为10分。

无条文说明扩展。

12.2 加分项

12.2.1 城区规划都市农业区域，每块区域面积不小于1000m²，且所有地块用地面积占整个城区的比例不小于1‰，评价分值为1分。

📋 条文说明扩展

近年来，在现代城市的发展过程中，人们期望着"城市与自然共存""绿色产业回归城市""城市和乡村融合"，于是都市农业应运而生。都市农业按照城市的需求构建融生产、生活、生态、科学、教育、文化于一体的现代化农业体系，是高层次、高科技、高品位的绿色产业，成为城市庞大的生态系统的组成部分。2012年8月6日发布农业部办公厅关于加快发展都市现代农业的意见，提出了发展都市现代农业的重要意义、目标任务和保障措施，之后各地政府也纷纷推出了相关的政策与推进措施，都市农业在我国得到了快速发展。

都市农业具有四大功能：生产功能，为城市提供新鲜的食品与花卉苗木，以满足居民的消费需要，同时增加郊区农民的就业与收入；生态功能，它能保育自然生态，涵养水源，营造绿色景观，调节微气候，改善城市居民生存环境；社会功能，通过观光休闲的农业活动，使市民获得农耕文化与民俗文化的熏陶，丰富精神文化生活；示范与教育功能，通过城郊高科技农业园和农业教育园，为郊区农民示范现代化农业产业化的技术与管理，对城市居民进行农业知识教育。

都市农业根据各地城市的自然、地理、经济和文化的条件可有不同形式，其规划建设的目标有以经济功能为主，也有以生态和社会功能为主。在国内的实践中，有不少是把都市农业与农业生产场所、消费场所和休闲场所结合起来建设的专业农场和综合性农场，如高科技农业园区、供耕作体验的市民农业园、教育农业园、观光农业园、民俗观光园、民宿农庄、森林公园等。

西方国家开始关注和发展都市农业源于20世纪60年代，从20世纪80年代开始在世界范围内被广泛接收，我国都市农业的探索开始于20世纪90年代。都市农业的发展一方面可增加当地食品的自力更生能力，获取新鲜食物，创造新的就业机会，增强城市应对危机和灾害的韧性能力；另一方面都市农业通过减少运输距离和食品包装节约能源，通过回收有机物质堆肥、利用雨水和废水提高能源使用效率，还能间接改善城市的雨水废水的管理，为城区的可持续发展作出贡献。美国LEED标准中也有对当地食物（Local Food Production）的规定：城区规划"农业用地"有利于公众亲近大自然，促进自然与人工环境的融合，同时农场与果园可形成景观、绿色廊道、开放空间等功能。

本条的实践分两种情况，一种是鼓励在城区规划中保留部分农业用地，比如果木苗圃等；另一种是在城区建设用地中规划农业用途的区域，比如城区内的河流、湖泊等可以进行水产养殖，环城建设的郊野公园中开辟蔬菜种植园或在城市郊区建设的各类采摘园等，甚至还可以利用建筑空间与都市农业相结合。

具体评价方式

本条文适用于各类城区的规划设计、运行评价。

设计评价：规划设计阶段需审核都市农业专项布局图及都市农业用地比例计算书。

运行评价：需在规划设计阶段评价方法之外还应现场核查。

案例

1. 建筑空间整合都市农业

新加坡Sky Greens（图12-1）的垂直农场就是在建筑内部形成的都市农业，通过创建高层垂直农业系统等利用最小的土地面积及水和能源消耗形成世界上第一个低碳、液压驱动的垂直农场，以满足城市食品需求。而美国纽约的Riverpark Farm农场（图12-2）则是

图12-1 新加坡Sky Greens的垂直农场

利用非常规的空间和技术在人口稠密的环境中收获农作物的，为了获得城市无法买到的新鲜农产品，Riverpark餐厅的设计公司ORE Design+Technology在建筑屋顶使用牛奶包装箱作为单独播种机并利用其模块化性质使单个植物可以根据需要进行轻松、快速地移动从而接受阳光照射，最终将农场设计成客人可以在其中享用农产品的餐厅。还有日本Pasona总部办公楼（图12-3）利用其中一层改造成种植农作物的都市农场。

图12-2　美国纽约Riverpark Farm

图12-3　日本Pasona总部办公楼农场

2. 城市空间整合都市农业

美国纽约的高线公园（图12-4）是一个
建在废弃高架铁路上的1.5英里（约2.4km）
长的线型空中公园，原来是1930年修建的一
条连接肉类加工区和三十四街的哈德逊港口
的铁路货运专用线，总长约2.4km，距离地面
约9.1m高，跨越22个街区，于1980年停运。
该公园培育了原始结构毁灭后生根的生物多
样性并建立一系列特定地点的城市微气候，
高线公园组织成离散的摊铺和种植单元，可
容纳野外、耕种、亲密和社交场所。

美国西雅图的P-Patch社区（图12-5），
共89个社区花园向公众提供社区居民聚会、
学习与创意活动空间的同时还通过提供志愿
服务机会向西雅图食品银行，以及"吃饱
计划"提供新鲜有机农产品，不断地回馈着
社区。

图12-4　美国纽约市的高线公园

还有通过规划一块专门的建设用地开发都市农业。比如日本在20多年前就开始建设农
业公园，将农业生产场所、农产品消费场所和休闲旅游场所结合于一体，以综合性农业公
园居多，一般在公园内规划有服务区、景观区、草原区、森林区、水果区、花卉区及活动
区等。

图12-5　西雅图P-Patch社区计划中的社区花园

12.2.2　开发建设后径流排放量接近开发建设前自然地貌时的径流排放量或年径流总量控制率达到国家相关要求的高值，评价分值为1分。

📖 条文说明扩展

海绵城市建设应坚持因地制宜的原则，采取适宜于本底条件的规划措施，城市年径流总量控制率并不是越大越好。可参照《海绵城市建设技术指南》提出的全国分区年径流总量控制率要求的被控制的降雨日值，制订海绵城市建设方案。本条评价时可以通过两条途径达标：①"开发建设后径流排放量接近开发建设前自然地貌时的径流排放量"，这一评价指标主要评价海绵城市建设措施的径流控制效果，也就是年径流排放量。参评时需提交开发基准年的区域地形图和径流排放量计算数据，且设定开发基准年该区域属于"自然地貌"。如果在开发基准年该区域大多数已经是建成区，则不能得分。②年径流总量控制率达到《海绵城市建设技术指南》要求的高值。如前所述，《海绵城市建设指南》将我国大陆地区大致分5个区，并给出了各区年径流总量控制率α的最低限值和最高限值，即 Ⅰ 区（$85\% \leqslant \alpha \leqslant 90\%$）、Ⅱ 区（$80\% \leqslant \alpha \leqslant 85\%$）、Ⅲ 区（$75\% \leqslant \alpha \leqslant 85\%$）、Ⅳ 区（$70\% \leqslant \alpha \leqslant 85\%$）、Ⅴ 区（$60\% \leqslant \alpha \leqslant 85\%$），本条得分的条件是达到相应地区的高值。

💬 具体评价方式

本条文适用于规划设计、实施运管评价。

规划设计阶段完成"海绵城市建设规划"，且在规划中包含开发基准年和规划末年径流排放量的计算过程，以证明开发建设后径流排放量接近开发建设前自然地貌时的径流排放量；或在海绵城市建设规划中提出的目标值——年径流总量控制率不小于《海绵城市建设技术指南》要求的高值，且有相应的规划措施及指标分解。实施运管阶段应在完成上述内容的基础上，提交落实规划设计目标的证明文件和相关计算内容，并现场核查。

12.2.3　合理建设市政再生水供水系统，再生水供水能力和与之配套的再生水供水管网覆盖率均超过50%，或非传统水源利用率超过10%，评价分值为1分。

📖 条文说明扩展

《国家节水型城市考核标准》的指标中，城市再生水利用率应达到≥20%，实际考核中，大多数节水型城市尚未达到以上目标，再生水资源开发和减排的潜力巨大。从鼓励再生水利用和追求规模化效益为出发点，倡导政府率先牵头建设市政再生水工程，本条文对于城区规划设计再生水利用工程，尤其是实施了一定规模的再生水工程项目给予加分。

⋯ 具体评价方式

本条文适用于规划设计、实施运管评价。

参见本细则第"7.2.8"和第"7.2.9"条对应的具体评价方法。

12.2.4 可再生能源及清洁能源利用总量占城区一次能源消耗量的比例达到10%，得1分。

☰ 条文说明扩展

清洁能源及绿色能源是指不排放污染物，能够直接用于生产生活的能源，包括核能和可再生能源。可再生能源（Renewable Energy）是指风能、太阳能、水能、生物质能、地热能、海洋能等非化石能源，是取之不尽用之不竭的能源，对环境无害或危害极小，而且资源分布广泛，适宜就地开发利用。国内外对地源热泵是否为可再生能源有不同的看法。二者之间，可再生能源是清洁能源的子集。

我国城镇化过程中基本采用分布式能源的做法，解决了供暖、制冷、热水、用电诸多问题，智能控制管理，缩短能源输送距离。其基本依靠天然气，北方供暖煤改气也依靠天然气，虽可降低二氧化碳的排放，但天然气燃烧中仍释放大量氮氧化物，其在光化学作用下形成的二次微颗粒恰恰是北京等全面实现了煤改气的城市继续存在雾霾现象的主要污染源，只有大幅度减少化石能源的消费，才有可能根治雾霾。油气在我国能源结构中的比例迅速上升，目前石油对外依存度已超70%，天然气对外依存度将超50%，在国外开采与购买权时有风波，海陆运输通道也遭他国刁难，能源警钟长鸣。任何国家注意到能源的多元化，避免出现"一棵树上吊死"的现象。美国页岩气的储量及开发据信可解决国内需求的80%，但其能源结构的比例绝对不依此而行，中国"缺油少气"的资源状况使我们很难按照西方的路径煤改油气，我国必须发展可再生能源与核能为主的多元能源供给系统。

本条文与之前第7.2.2条文的区别在于从可再生能源扩大到清洁能源。前条仅限于勘察和评估城区内可再生能源的分布及利用量，创新项中未强调本城区内，前条不同的得分须乘上权重系数，创新项是直接得分。

能源转型是国家绿色发展中的大事，在此做必要的介绍。

我国未来可以实现的低碳能源结构：

电力供应：10万亿kW·h/年，建筑3万亿kW·h，交通2万亿kW·h，工业5万亿kW·h，目前为6万亿kW·h。

水电：1.5万亿kW·h，目前1.2万亿kW·h，挖掘西南的水力资源，解决弃水。

核电：1.5万亿kW·h，目前0.2万亿kW·h，继续在沿海布局，使核电达15%。

风电：1.5万亿kW·h，目前0.3万亿kW·h，我国北方贯穿东西的风力资源。

光伏发电：1万亿kW·h，目前0.06万亿kW·h，西北巨大的戈壁滩。

燃气、燃煤电厂提供4.5万亿kW·h电力，承担电力调峰，形成碳排放20亿t。

直接燃料供应：18亿t标煤，生活消费2.5亿t，交通3.5亿t，工业12亿t。

生物质能源：折合9亿t标煤。

农业秸秆：5亿t，林业秸秆：4亿t，动物粪便：3亿t，餐厨垃圾：1亿t。

制成生物燃气2600亿m³，高温裂解气1600亿m³，压缩颗粒燃料4亿t；

其中生物燃气可形成负碳1亿t，高温裂解气可形成负碳0.5亿t。

生物燃气的剩余物又成为优质肥料，返回农田。

戈壁滩、盐碱地种植能源作物：2亿亩，生产生物质燃料2亿t。

燃气、燃油、燃煤提供9亿t标煤的化石能源，形成碳排放18亿t。

能源供给结构变化要求消费结构的表现：

（1）电力在终端用能的比例大幅度提高：由目前20%提高到60%以上。

（2）用于直接燃烧的燃料比例应大幅度减少，仅用于工业、炊事、航空、航海。

（3）可再生电力的主要来源：

水电：西南，西电东输；

风电：北部，以及沿海的海上风电；北电南调；

光电：西北戈壁滩应该是发展大规模光电的主要场地，而不是建筑屋顶。

我国已经建成并继续扩建世界上最大容量的西电东输系统：10直8交。

（4）如何应对风电、光电不确定、不可控的变化，避免弃风弃光？

在源侧配置燃煤燃气调峰电源，以及抽水蓄能电站，与风电、光电配合，确保长途输电系统稳定输电。

东部大城市用电侧接收持续稳定的长途输电，自行解决负荷侧峰谷差调节。

资源分布状态决定能源供给系统方式，可再生能源、核能产出形式是电力，因此，电力为末端消费的主要方式。

不同区域资源与需求状况不同，应有不同的能源模式：

西北地区：光电、风电产地，除满足自用外，与化石火电搭配，成为稳定的电力，长途向东部输送；

西南地区：水电产地，除满足自用外，向东部地区稳定输电；

华东地区、华南地区：接受西部地区电力并发展当地核电为基础负荷，自行通过火电和蓄能解决电力调峰问题；

华北地区：接受西部地区电力为基础负荷，并发展北部地区风电；自行解决调峰问题，利用调峰火电厂通过热电联产解决冬季供暖需求；

东北地区：充分利用风电、水电，结合自己煤、油、气资源满足当地需求。

💬 **具体评价方式**

规划设计评价查阅项目所在地的能源调查与评估资料、能源综合利用规划等。

实施运管评价查阅城区可再生能源利用实施评估报告、相关的管理文件，并抽样查验可再生能源利用情况。

12.2.5 城区内合理推行智能微电网工程建设，评价分值为1分。

📋 **条文说明扩展**

微电网（Micro-grid或Microgrid）是指由分布式电源、储能装置、能量转换装置、相关负荷和监控、保护装置汇集而成的小型发配电系统，是一个能够实现自我控制、保护和管理的自治系统，既可以与外部电网并网运行，也可以孤立运行，是智能电网的重要组成部分。微电网可以提高电力系统的安全性和可靠性，有利于可再生能源分布式发电的并网，因此鼓励在绿色生态城区内发展微电网系统。

据统计2018年全球建成微电网项目367个，总装机规模超过8.4GW。中国微电网安装数量达到35个。中国政府先后出台多项政策促进国内微电网行业的发展，持续推进深化电力体制的改革，相关的法律法规逐渐完善。

1. 微电网相关的政策与标准

中央人民政府印发有《中共中央　国务院关于进一步深化电力体制改革的若干意见》（中发〔2015〕9号）、《关于推进"互联网+"智慧能源发展的指导意见》（发改能源〔2016〕392号）、《关于推进多能互补集成优化示范工程建设的实施意见》（发改能源〔2016〕1430号）、《可再生能源发展"十三五"规划》（发改能源〔2016〕2619号）、《能源发展十三五规划》（发改能源〔2016〕2744号）、《关于印发〈加快推进天然气利用的意见〉的通知》（发改能源〔2017〕1217号）、《关于印发〈推进并网型微电网建设实行办法〉的通知》（发改能源〔2017〕1339号）、《关于开展分布式发电市场化交易试点的通知》（发改能源〔2017〕1901号）、《关于推进新能源微电网示范项目建设的指导意见》（国能新能〔2015〕265号）、《微电网管理办法》（国能综合电力〔2017〕107号）。

微电网相关的技术标准见表12-1。

表12-1 我国微电网行业相关标准

标准编号	标准名称	发布部门	实施日期
GB/T 33589—2017	微电网接入电力系统技术规定	国家质检总局	2017-12-01
GB/T 34129—2017	微电网接入配电网测试规范	国家质检总局	2018-02-01
GB/Z 34161—2017	智能微电网保护设备技术导则	国家质检总局	2018-04-01

续表

标准编号	标准名称	发布部门	实施日期
GB/T 34930—2017	微电网接入配电网运行控制规范	国家质检总局	2018-05-01
GB/T 51250—2017	微电网接入配电网系统调试与验收规范	住房城乡建设部	2018-04-01
NB/T 31092—2016	微电网用风力发电机组性能与安全技术要求	国家能源局	2016-06-01
NB/T 31093—2016	微电网用风力发电机组主控制器技术规范	能源局	2016-06-01
T/CEC 106—2016	微电网规划设计评价导则	中电联	2017-01-01
T/CEC 145—2018	微电网接入配电网系统调试与验收规范	中电联	2018-04-01
T/CEC 146—2018	微电网接入配电网测试规范	中电联	2018-04-01
T/CEC 147—2018	微电网接入配电网运行控制规范	中电联	2018-04-01
T/CEC 148—2018	微电网监控系统技术规范	中电联	2018-04-01
T/CEC 149—2018	微电网能量管理系统技术规范	中电联	2018-04-01
T/CEC 150—2018	低压微电网并网一体化装置技术规范	中电联	2018-04-01
T/CEC 151—2018	并网型交直流混合微电网运行与控制技术规范	中电联	2018-04-01
T/CEC 152—2018	并网型微电网需求响应技术要求	中电联	2018-04-01
T/CEC 153—2018	并网型微电网的负荷管理技术导则	中电联	2018-04-01
T/CEC 5005—2018	微电网工程设计规范	中电联	2018-04-01
T/CEC 5006—2018	微电网接入系统设计规范	中电联	2018-04-01

2. 智能微电网是智慧能源的一个实现形式

能源（Energy Source）亦称能量资源或能源资源，是指能够直接取得或者通过加工、转换而取得有用能的各种资源，如煤炭、原油、天然气、煤层气、水能、核能、风能、太阳能、地热能、生物质能等一次能源和电力、热力、成品油等二次能源，以及其他新能源和可再生能源。

1）广义智慧能源

智慧能源是一种全新能源系统，为了实现能源的安全、清洁和可持续利用，在能源开发利用、生产、配送、消费的全过程通过技术创新和制度变革，建立具有自组织、自检查、自平衡、自优化等人工智能的能源技术和能源制度体系。

传统的能源系统运行方式如图12-6所示，其中能量的流向是从能源生产通过能源配送单向流入能源消费的用户。

图12-6　传统的能源系统运行方式　　　　　　图12-7　智慧能源系统运行方式

　　智慧能源以经济（更低的成本）、高效（更高的能源利用率）和环保（更少的环境污染）为目标，将信息、控制与管理等的技术进步与能源领域业务相结合，实现能源的生产、储存、分配、输送和使用的过程智能化。

　　智慧能源系统运行方式如图12-7所示，其中的"智慧能源生产"包括了传统能源（火电、水电、核电、热电联产等）和可再生能源。"智慧能源配送"的内容包括了电力、冷热水和蒸汽等。"智慧能源消费"的用户（工业、农业、市政、建筑、军事、交通等行业）不仅消耗能量，同时也可以产生能量作为能源反送智慧能源配送网络。

　　图中的"智慧能源交易"是系统的核心，它根据能源消费的需求侧信息和能源生产的供应侧资源信息，进行电力交易和碳排放交易，并实时控制"智慧能源生产""智慧能源配送"和"智慧能源消费"的工作全过程。

　　2）微电网

　　相对传统大电网，微电网将多个分布式电源及其相关负载按照一定的拓扑结构组成的网络，并通过静态开关接入常规电网实现多种能源的高可靠供给。

　　微电网与大电网并联，为城市片区的住区、宾馆、医院、商场及办公楼等供电。大电网故障时则断开并联，微电网进入孤岛运行模式，用以保证重要负荷的供电和电能质量。偏远地区的微电网可以较低的成本利用当地可再生能源供电。微电网将分布式电源靠近用户侧进行配置供电，所以输电距离较短。

　　（1）微电网的运行模式

　　微电网有孤岛运行（即独立运行）和并网运行两种运行模式。切换过程不应中断负荷供电，独立运行模式下向负荷持续供电时间不宜低于2h。微电网与大电网之间的能量交互有两种：微电网可从大电网吸收功率，但不能向大电网输出功率；微电网与大网间可以自由双向交换功率。

　　简单微电网可以由用户所有并管理，公用微电网则由供电公司运营，多种类电源的微电网既可属于供电公司，也可属于用户。对属于用户的微电网，只需要达到公共连接点（PCC）处的并网要求即可并网运行，供电公司则负责监测PCC的各种信息并提供辅助服务。

　　（2）分布式电源发电技术

　　分布式电源是指接入35kV及以下电压等级电网、位于用户附近，并以就地消纳为主的电源。分布式发电可利用的能源包括太阳能、天然气、生物质能、风能、水能、氢能、地热能、海洋能、资源综合利用发电（含煤矿瓦斯发电）和储能等类型，如图12-8所示。

（3）冷热电三联供系统

冷热电三联供系统（Combined Cooling Heating and Power，CCHP）是天然气分布式能源的典型形式，它布置在用户附近，以燃气为一次能源用于发电，并利用发电后产生的余热进行制冷或供热，是以小规模、小容量、模块化、分散式的方式构成向用户输出电能、热（冷）的能源供应系统。按照供应范围，三联供可分为区域型（DCHP）和楼宇型（BCHP）；按照提供能源种类，可分为冷热电联供、热电联供、冷电联供等。

冷热电三联供系统能实现能源的梯级利用，如图12-9所示。能源利用效率一般可以超过80%。

3）智能微电网的需求侧

智慧能源的目标是通过将供应侧的能力与需求侧的总负荷相匹配，以提高整个能源系统的能效和安全水平。主要的方法是对需求侧的负荷进行预测，通过需求侧用户的历史数据和实时数据，生成供应侧的运行策略，预报峰谷期的能源价格；需求侧则根据供应侧发布的能源价格和用户用能设施等级，在用户侧实施需求侧实时响应，削减或转移用户

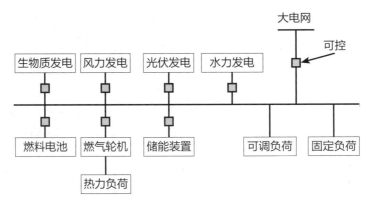

图12-8　分布式电源种类

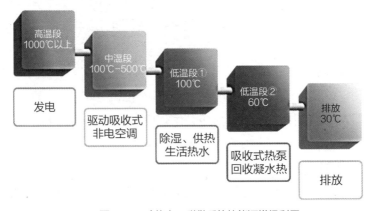

图12-9　冷热电三联供系统的能源梯级利用

的部分高峰负荷并降低峰谷差，从而减少系统对发电容量、供热/冷量和输配系统能力的需求，同时降低用户的能源成本。

📖 案例

广东珠海，东澳岛风光柴蓄微电网

东澳岛位于珠海市东南部，面积4.6km²。因未与大陆主电网连接，用电普遍依靠岛上的自备柴油发电机组，居民无法获得稳定可靠的电能，对生产生活和海岛经济的发展造成极大影响。建成风光柴蓄微电网后，解决了岛上的用电，东澳岛成为著名的旅游胜地（图12-10）。

东澳岛风光柴蓄微电网2010年7月建成投入使用，是国内第一个商业化运作的微电网项目。项目整合利用了海岛丰富的风力和太阳能资源，采用储能、

图12-10　广东珠海东澳岛

图12-11　多级微电网构成

柴油发电机等多种设备，构建适应海岛用户需求的发、输、变、配、用一体化的孤岛型智能微电网系统。微电网的电压等级为10kV，设有1.04MWp光伏、50kW风力发电、1220kW柴油发电机、2000kW·h铅酸蓄电池和本地/远程能源智能控制系统，多级电网可安全快速切入或切出，微能源与负荷一体化运行。多级微电网的设施构成如图12-11所示。

系统充分利用风光互补的特性，白天多用太阳能光伏发电、夜晚多用风能发电；夏天海岛光照充足多用光伏发电，冬天海岛风大多用风能发电。

整个微电网由微电网母网、文化中心子微网、扩容子网等组成。微电网母网由柴油发电机组、微网双端变换器、蓄电池组、光伏长廊与光伏逆变器、风力发电机与风力发电逆变器组成。柴油发电机主要为蓄电池组充电提供电能，同时也可以通过双向变换器直接为负载提供电能。

微电网在光照充足时由光伏系统发电供居民负载用电，多余的能量通过微网双端变换器和双向储能变流器为储能电池充电。当光伏系统不发电或发出的电能不足以供给用户负载使用时，则调配储能变流器所接电池的存储能量供用。

图12-12为微电网运行数据。东澳岛微电网系统以太阳能为主，柴油机和风能为辅，每年利用太阳能发电146万kW·h，约占用电总量的70%，不仅保证了岛上居民全年正常

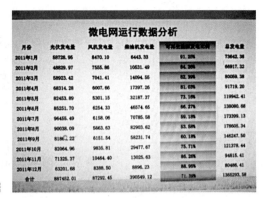

图12-12　微电网运行数据

用电，而且居民电价由3.40元/kW·h降至2.60元/kW·h，减排二氧化碳1100t，粉尘309t，做到了环保供电。

3. 智能微电网的工程建设存在的问题

智能微电网的工程建设应因地制宜合理规划，必须充分考虑城区内水电、风电、光电等资源条件、已有电网的建设现状和分布式能源中心建设的可行性，进行经济技术和环境效益分析后，再确定方案，切忌盲目追求分值，不合理地推行建设。

微电网涉及多个利益相关者，如发电厂、配电网、燃气企业、用户、地方政府等，因此，微电网项目能否成功实施，关键在于政策支持和多方的利益协调。

目前申报绿色生态城区评价的项目均未能在本条得分，即使在上海虹桥商务区和天津生态城里都建有分布式能源中心，但是均未建成智能微电网。由此可见智能微电网的建设还是有很大的难度。

💬 **具体评价方式**

规划阶段：智能微电网的可行性报告、相关的规划文本完整，得1分。

工程设计与建设要点：智能微电网的工程设计应因地制宜，合理利用城区内水电、风电、光电等资源条件，结合电网的建设现状和城区负荷需求特征来设计建设分布式能源中心和微电网系统。

运管阶段：审查智能微电网图纸，核查实际运行情况、运行数据、微电网运管体制和可持续运行的保障机制，着重关注政策支持和利益相关方的平衡协议。运行情况良好，得1分。

12.2.6　城区设置绿道系统，总长度达到5km，评价分值为1分。

📄 **条文说明扩展**

绿道是以自然要素为依托和构成基础，串联城乡生态、休闲、文化等资源，以游憩、健身为主，兼具绿色出行、生物迁徙等功能的廊道。绿道串联城乡绿色资源，为市民提供亲近自然、游憩健身的场所和途径，倡导健康的生活方式；绿道与公交、步行及自行车交通系统相衔接，为市民绿色出行提供服务，丰富城市绿色出行方式；绿道有助于固土保水、净化空气、缓解热岛等，并为生物提供栖息地及迁徙廊道；绿道连接城乡居民点和公共空间，促进人际交往、社会和谐，连接历史文化节点，保护和利用文化遗产，促进文化传承；绿道有利于整合分散的城乡绿色空间和自然文化资源，加强城乡互动，提升沿线土地价值。

绿道包括游径系统、绿化系统和绿道设施。绿道游径系统有步行道、骑行道，以及兼容步行、骑行的综合道，当然，绿道步行道、骑行道可单独设置，也可合并设置。但步行道、骑行道合并设置时要有隔离标识或隔离设施，以保障步行和骑行者不同活动的安全。当然，作为绿道，绿道游径两侧的绿化带和绿色空间必不可少。一是要结合环境，绿道游径两侧保留或栽植一定宽度的乔木林带，为绿道使用者提供良好的遮荫条件；二是保留和融合绿道所串联、穿行的自然空间和环境，让绿道与城乡环境有机融合。驿站作为绿道服务设施综合载体，供绿道使用者途中休憩、交通换乘。

绿道是一种线性绿色开敞空间，以休闲健身为主，可兼顾绿色出行，但不能替代城市交通功能的慢行系统；绿道可与生物迁徙的生态廊道结合设置，但不能替代生态廊道。绿道的突出特点是连通与功能复合，融合环境、因地制宜是绿道发展的生命力所在。按所处区位及环境景观风貌，绿道可分为城镇型绿道和郊野型绿道两类。城镇型绿道位于城镇建设用地范围内，依托道路、水系沿线等绿色空间，串联城镇功能组团、公园绿地、广场、防护绿地、历史文化街区等，供人们休闲、游憩、健身、出行；郊野型绿道位于城镇建设用地范围外，连接风景名胜区、旅游度假区、农业观光区、历史文化名镇名村、乡村等，供人们休闲、游憩、健身和生物迁徙等。按空间跨度和连接功能，一条或两条及以上绿道可组成社区级绿道、市（县）级绿道、区域（省）级绿道和国家级绿道四级。各级绿道有机联系，形成城乡绿道网络体系，有助于方便游人使用，同时与城市公园体系相结合，更有效地发挥绿道作用，完善城乡游憩功能。

绿道建设应遵循生态优先的原则，立足于对原生自然环境和历史人文资源最小干扰和影响，避开生态敏感区，避免工程建设对自然生态的扰动和对自然环境的影响，避开自然灾害易发区和不良地质地带。

通过绿道的建设，有利于在城乡形成良好的绿带网络，弥补城市绿地分散设置导致功能的不足，完善城市休闲活动体系。

为保障绿道使用者的安全，绿道要建立自身的标识系统，包括：指示标识、解说标识、警示标识，满足引导指示、解说、安全警示等功能。

在实施运管阶段，定期对绿道系统进行维护，及时清理障碍物，确保绿道良好运营。需要注意的是：部分城区已建绿道采用木板、木塑等作为路面材料，但缺乏维护，有的损毁严重，已出现安全隐患，所以应重视路面的维护，特别是安全维护。

😀 具体评价方式

本条文适用于规划设计、实施运管评价。

规划设计阶段审核绿道的相关图纸及绿道长度计算说明，图纸包括绿道路线平面图、道路断面图、标识图及植物种植图等。绿道应保持一定的连续性，每段不应少于500m。居住小区或建筑（地块）用地范围内的园区路或景观路长度不能计入绿道系统中。

实施运管阶段现场抽查运行情况，确保按规划实施，且绿道系统维护良好，没有障碍物，路面平整安全，标识系统明确。

📇 案例

目前，很多生态城区已建设了绿道（表12-2）。

表12-2　生态城区绿道长度统计表

序号	项目名称	绿道长度
1	上海虹桥商务区核心区	6km
2	中新天津生态城南部片区	6.7km
3	上海新顾城	5km
4	烟台高新技术产业开发区（起步区）	7.72km
5	广州南沙灵山岛片区	12.32km
6	漳州西湖生态园区	22.3km
7	杭州亚运会亚运村及周边配套工程项目	6.7km
8	衢州市龙游县城东新区	10.63km
9	太湖新城	35.42km
10	临桂新区	22.20km
11	广州知识城	14.19km
12	中新天津生态城中部片区	13.9km

12.2.7　三星级绿色建筑占新建建筑比例达到或超过30%，评价分值为1分。

📋 条文说明扩展

提高三星级绿色建筑比例不仅可以整体提升城区的居住质量还可以更为有效地节约资源。一星级绿色建筑提高围护结构热工性能5%或降低建筑供暖空调负荷5%，然而三星级绿色建筑则可提高围护结构热工性能20%或降低建筑供暖空调负荷20%，所以可以大大提高建筑能效，实现资源节约。同时，各地对高星级绿色建筑给予很多奖励政策，如2020年4月13日，北京市住房和城乡建设委员会、北京市规划和自然委员会、北京市财政局联合印发《北京市装配式建筑、绿色建筑、绿色生态示范区项目市级奖励资金管理暂行办法》有效期3年，绿色建筑单个项目最高奖励不超过800万元；除了北京之外，天津实施二星级及以上的绿色建筑建设标准的工程能够申请建筑节能专项基金补助；上海三星级绿色建筑运行标识项目每平方米补贴100元，符合超低能耗建筑示范的项目，补贴300元/m^2；同时河北、山东、山西、江苏、湖北等许多省市也相应出台了对高星级绿色建筑的奖励政策。

2020年7月住房和城乡建设部等七部委共同印发了《绿色建筑创建行动方案》和住房和城乡建设部等6部门《绿色社区创建行动方案》的通知，创建目标是到2022年城镇新建建筑中绿色建筑面积占比达到70%，星级绿色建筑持续增加，全国60%以上的城市社区参与绿色社区创建行动并达到创建要求。通过绿色建筑及绿色社区的创建使生态文明理念深入人心，最大限度地节约资源、保护环境。

12.2.8　绿色工业建筑占新建工业建筑的比例高于20%，评价分值为1分。

📋 条文说明扩展

中国的建筑分为民用建筑与工业建筑。民用建筑又分居住建筑（低层、多层、高层）和公共建筑（办公、宾馆、商场、医院、学校等），工业建筑按产业不同，分类更细，如机械厂房、冶金厂房、纺织厂房、化工厂房等。

本标准设置了"产业与经济"章节，说明新城新区在建设发展中，除了绿色、生态、低碳三要素外，尚需考虑建什么产业，产生多大的GDP，解决多少人就业的问题，这也是政府部门非常关切的一个问题。

评审实践中发现，各地对此问题不是很清晰的，笼统的回答是高科技产业，新兴产业，外资引进的产业，最多就是对环保涉及的废气废水废弃物的处理进行无害化的评价。至于真正落到产业规划、产业用地及相关配套设施、厂房建设都讲不实，有些城区连职住比都报不出来。

产业要建配套的工业建筑，在建筑面积中占一定的比例，也需要满足绿色要求。绿建委下属的绿色工业建筑学组，按国家标准《绿色工业建筑评价标准》GB/T 50878—2013在全国范围内共评111个项目，其中一星级18项，占16%；二星级44项，占40%；三星级49项，占44%。学组内专家自评，我国的绿色工业建筑，无论从规模、行业分布、标识数量还是内在技术，均已达到国际先进水平。

为此，特在"技术创新"章节中，专门设置了绿色工业建筑的条文。起步阶段，只要求绿色工业建筑面积能达到工业建筑总面积的20%，就获创新分1分。

如图12-13～图12-15所示为绿色工业建筑的发展情况，评价标识的情况及评价产业的情况，供实施中参考。

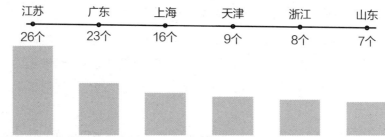

■ 绿色工业建筑项目分布于我国21个城区，与民用绿色建筑相似，东部经济发达地区项目数量优势明显。
■ 江苏地区遥遥领先，广东和上海紧跟其后。

图12-13　绿色工业建筑地区分布

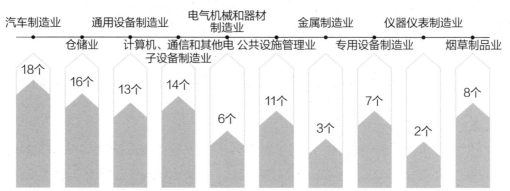

■ 目前，绿色工业建筑项目主要集中在设备制造业，尤其是汽车制造业，参评的18个项目中15个获得了三星级；仓储业和物流业发展迅猛，均为一、二星项目。
■ 橡胶和塑料制品业，光电子器件及其他电子器件制造，医药制造业，黑色金属冶炼和压延加工业，铁路、船舶航空航天和其他运输设备制造业，酒、饮料和精制茶制造业也都有各自的项目。

图12-14　绿色工业建筑行业分布

■ 随着《绿色工业建筑评价标准》GB/T 50878—2013的发布，绿色工业建筑愈加受到关注，2014年项目申报数量首次突破10个，2015年以后绿色工业建筑数量稳中有升，其中，2015年、2018年项目运行标识各5个，2016年、2017年项目运行标识各1个。
■ 绿色工业建筑项目整体星级较高，三星级项目49个占44%，一星级项目只有18个仅占16%，这是因为绿色工业建筑尚在"自愿申报"阶段，参评项目大多已在绿色实践中取得良好效果。
■ 获得绿色工业建筑标识的77个项目中有14个项目为运行标识，所占比例为18.2%，远远高于民用绿色建筑的比例(不足5%)，从一定程度上说明，工业建筑领域节能环保技术措施的落实率较高。

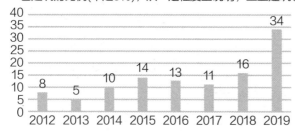

图12-15　绿色工业建筑星级分布

⊙ 具体评价方式

本条文适用于规划设计、实施运管评价。

审查城区绿色生态发展专项规划、城区产业发展规划和建筑专项规划；在实施运管阶段还应当现场核实并计算。

12.2.9 新建城区合理规划并建设地下综合管廊，评价分值为1分。

📋 条文说明扩展

本条文适用于规划设计和运行评价。

在城市地下建造的管线公共隧道，将电力、通信、燃气、给水、热力、排水等两种以上市政管线集中敷设其内，实施统一规划、设计、施工和维护，一旦建设将与城市的生命期同步。绿色生态城区根据当地的地质条件和需求，科学合理规划城区的地下综合管廊，并需要在建设和运行中建立有效的模式及长效的保障机制。

1. 政策与标准

《国务院关于加强城市基础设施建设的意见》（国发〔2013〕36号）提出开展城市地下综合管廊试点，新建道路、城市新区和各类园区地下管网应按照综合管廊开发模式进行开发建设。在工作推进过程中，《国务院办公厅关于加强城市地下管线建设管理的指导意见》（国办发〔2014〕27号）和《国务院办公厅关于推进城市地下综合管廊建设的指导意见》（国办发〔2015〕61号），使全国城市的地下管廊建设更为科学、理性和有序。

地下综合管廊应符合《城市综合管廊工程技术规范》GB 50838、《城市综合地下管线信息系统技术规范》CJJ/T 269、《城镇综合管廊监控与报警系统工程技术标准》GB/T 51274、《城市地下综合管廊运行维护及安全技术标准》GB 51354和《城市地下综合管廊工程投资估算指标》ZYA 1-12（11）等的规定与要求。

2. 发展历程和价值

城市建设地下管线综合管廊源于19世纪的欧洲，此后英国、德国、班牙、美国、俄罗斯、日本等国家的大城市均开始了综合管廊的建设。近年来，我国在现代化城市建设中，北京、上海、广州、南京、深圳、武汉、杭州等城市都启动了综合管廊的试点工程，积累了一定的设计、施工、建设和管理的经验。

综合管廊的干线综合管廊用于容纳城市主干工程管线，采用独立分舱方式；支线综合管廊用于容纳城市配给工程管线，采用单舱或双舱方式；缆线管廊用于容纳电力电缆和通信线缆，采用浅埋沟道方式，其盖板可开启但内部空间不能满足人员正常通行。

城市地下管线综合管廊经过各国180多年来的建设、探索、研究和改进，技术基本成熟。由于综合管廊的建造和科学管理，城市道路路面被开挖的次数明显减少，坍塌及交通干扰的情况基本被消除，建有综合管廊的道路使用寿命大大高于一般道路路面，综合效益明显。地下综合管廊已成为现代化城市市政建设管理的象征，并构成城市基础设施的重要部分。

3. 地下综合管廊的专项规划要点

地下综合管廊建设的规划范围应与上位规划及相关专项规划保持一致，统筹兼顾城市新区和老城区的开发改造、统筹地下空间工程的衔接和入廊的管线。建设规划需发挥政府的组织协调作用，建立相关部门合作和衔接机制，统筹协调各部门及管线单位的建设管理要求。

规划需要统筹地上地下空间资源，加强道路、轨道交通、供水、排水、燃气、热力、电力、通信、广播电视、人民防空、消防等相关规划之间的衔接，安排综合管廊与相关设施的建设时序，适度考虑远期发展需求，预留远景发展空间。

综合管廊建设规划的技术路线如图12-16所示。

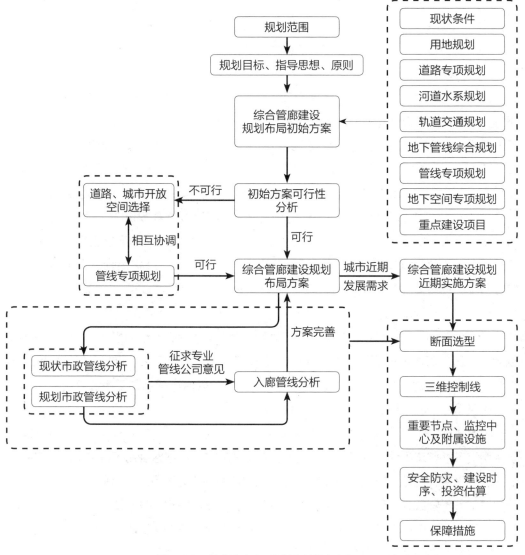

图12-16　综合管廊建设规划编制技术路线图

4. 城市地下综合管廊规划建设的困难

在2000年前我国大部分城市并无地下空间的规划，地下的建设行为任意。随着社会经济发展，城市建设为突破土地资源紧缺的瓶颈，开始从侧重于高度和平面扩张的发展模式，改变为注重地下空间资源的开发，综合规划地下0-50-100m的空间利用，实行竖向分层、立体综合开发、横向相关空间相互连通、地下工程与地面建筑协调配合，"规模化、系统化、综合化"地开发地下空间。城区的地下综合管廊是地下空间利用的组成部分，前期必须与城市地下空间规划协调。《中共中央国务院关于建立国土空间规划体系并监督实施的若干意见》（中发〔2019〕18号）要求推进包括地下空间在内的"多规合一"，在编制城市总体规划时，加强地上、地下空间资源的整体规划，统筹协调基础设施布局。

虽然供水、雨水、污水、再生水、燃气、热力、电力、广播电视、通信、气力垃圾输送等城市工程管线都可纳入综合管廊，但是每类管线是否入廊要由各业务机构进行技术经济分析和权衡利弊后决定。而且，将直埋管线入廊敷设的器材和工艺之间有很大的区别，入廊的空间租用费用和维护费需要合理平衡，廊里各家管线维护的责任与管理方式需要协调。从36个大中城市地下综合管廊试点工程的实践来看比技术更难的是统一规划和责任利益的分担。有些工程尽管完成了地下综合管廊建设，但是因管线入廊方的责权利未能与综合管廊的投资、建设和管理方成功协商一致而长期空舱以待。

地下综合管廊的一次性投资大、投资回收期长，但公益性和社会效应突出。据2015年的统计数据，50年的地下综合管廊建设费用为1.2亿元/km（50年地下直埋管线建设费用0.73亿元/km），50年地下综合管廊的维修运行费为0.4亿元/km（50年地下直埋管线维修运行费0.93亿元/km）。城市的地下综合管廊工程一般至少有数十千米，建设投资巨大，尽管财政部对地下综合管廊试点城市根据城市规模可给予3亿~5亿的补助金额，但是因规划滞后、强制入廊无法律依据、入廊费、日常运维费缺乏收费标准、协调难度大、回报机制设计不合理等，而难以推进。所以，综合管廊工程建设要与当地经济社会发展水平相适应，只能适度超前来满足远期需求。

5. 城市地下综合管廊的建设

《国务院办公厅关于推进城市地下综合管廊建设的指导意见》（国办发〔2015〕61号）要求统筹各类市政管线规划、建设和管理，到2020年，建成一批具有国际先进水平的地下综合管廊并投入运营，反复开挖地面的"马路拉链"问题明显改善，管线安全水平和防灾抗灾能力明显提升，逐步消除主要街道蜘蛛网式架空线，城市地面景观明显好转。

地下综合管廊需配套建设消防、供电、照明、通风、给水排水、视频、标识、安全与报警、智能管理等附属设施，采用智能化监控管理来确保管廊安全运行。目前因前述的各种原因，许多工程处于局部示范阶段，能达到设计目标的地下综合管廊规模化运营项目不多。

6. 运行管理与维护

为确保综合管廊的安全运行和高效管理，需建立综合管廊运行、管理和维护的制度体系，所有工作应符合《城市地下综合管廊运行维护及安全技术标准》GB 51354的要求。

📋 **案例**

南京江北新区位于南京市长江以北，总面积2451km²。江北新区将建设成新型城镇化示范区、长三角现代产业集聚区和长江经济带对外开放合作的重要平台。

江北新区城市综合管廊专项规划与江北新区总体规划、近期建设规划、桥林控规、各片区控规、轨道交通规划、电力专项、燃气专项等规划进行了衔接。

江北新区综合管廊工程总投资166.24亿元，其中包含干线管廊、干支混合型管廊和支线管廊，不包含缆线管廊及远景管廊

图12-17　江北新区综合管廊系统布置

的投资（图12-17）。目前江北新区综合管廊建设主要集中在核心区，核心区规划用地33.24km²，近期建设管廊总长度为46.59km（图12-18）。

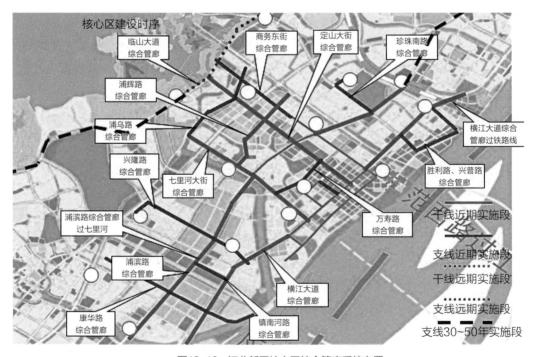

图12-18　江北新区核心区综合管廊系统布置

核心区的综合管廊围绕中心商务区进行建设，规划总长度13.06km，已建设完成8.35km，管廊内纳入了给水、电力、联合通信及空调管四种市政管线（图12-18）。

江北新区核心区地面上有城市新地标的绿地国际金融中心；核心区地下空间共7层，最深处为48m，总建筑面积约为148万m²，集商业、交通、管廊等功能于一身，是国内规模最大、最复杂的单体地下空间工程。地下空间由上而下分为商业层、停车交通层、市政综合管廊层、管廊夹层、空腔层和两层的地铁通行层，市政综合管廊，纳入电力、通信、给水、再生水、燃气、污水、雨水、真空垃圾管等管线。地下空间项目距离长江最近的地方200m，地质条件复杂，围护结构的地下连续墙最深达到76m，用以隔断地下水和挡土，为地下空间建筑减压。地下空间一期项目工程建设总工期6年，2017年9月20日开工。

基于南京江北新区整体规划布局结构以及各管线规划，根据管廊所处的道路级别、断面尺寸，以及容纳管线数量等，典型综合管廊断面如图12-19和图12-20所示。

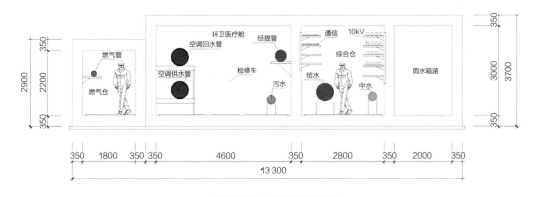

浦辉路综合管廊标准断面

（国际健康服务社区段）

图12-19 四舱全管线入廊断面

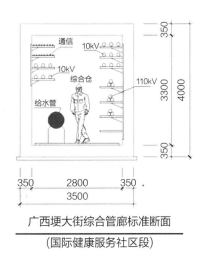

图12-20 单舱（燃气不入廊、给水电信与电力不分舱）

广西埠大街综合管廊标准断面

（国际健康服务社区段）

典型的综合管廊在道路下的定位如图12-21所示。

图12-21中综合管廊布置在道路西（南）侧，轨道交通11线位于中央隔离带下方，平面上避开轨道交通11号线，距离保持在20m以上。

配套设施设计有人员出入口、投料口、通风口，以及交叉口等，附属设施设计有设备监控、现场监测、安保、通信，火灾报警等系统。

综合管廊工程施工采用预制拼装工艺，施工技术要求高、场地及起吊设备要求高，具有良好的节能环保效益，总体经济性优于现浇整体式综合管廊。本项目选择浦辉路综合管廊进行预制拼装示范，通过试验段带动预制拼装在江北综合管廊建设中的应用。

江北新区将智慧管廊的建设理念贯穿于规划、设计、施工和运营全过程。采用遥感、地理信息系统、全球定位系统的3S技术和建筑三维信息模型BIM一体化融合技术，实现地下综合管廊和城市地下空间的精细化设计。图12-22为典型交叉口的BIM三维设计图。将现状数据模型和地下综合管廊BIM模型融合和优化后，形成基于GIS+BIM的地下管廊工程信息平台。图12-23为综合管廊 BIM 在运营管理中的应用。

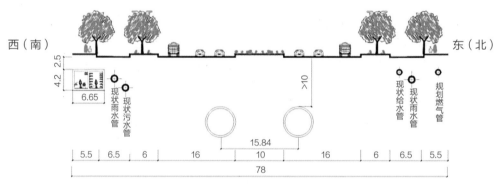

图12-21 与轨道交通共线综合管廊道路下横断面

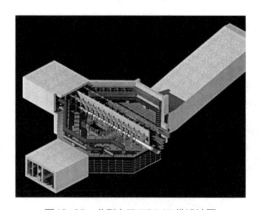

图12-22 典型交叉口BIM三维设计图

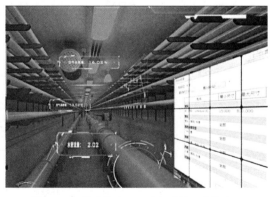

图12-23 综合管廊 BIM 在运营管理中的应用

💬 具体评价方式

规划阶段：具有城区地下综合管廊的可行性研究报告、综合管廊系统规划方案和投资估算，得1分。

工程设计和建设要点：根据城区综合管廊系统规划方案设计确定建设时序，结合新区建设、旧城改造、重点道路（新、改、扩建）等工作完成干线综合管廊、支线综合管廊、缆线管廊、关键节点、附属设施的深化设计，根据管廊所经区域地下的管线、设施及地质情况，确定施工方案。需关注地下综合管廊的运行应急预案和入廊管线的情况。

运管阶段：现场了解城区地下综合管廊的建设、管理模式与运行情况，按规划实施，得1分。

在城区范围与行政管辖区一致时，可直接使用城市地下综合管廊的规划方案。若绿色生态城区管理机构不具有独立的行政管辖权限时，可以利用城市地下综合管廊的规划方案获得相关数据。

12.2.10 建立绿色投融资机制，加强资本市场化运作，逐级分解减排目标，鼓励碳交易，评价分值为2分。

📋 条文说明扩展

绿色金融是指为支持环境改善、应对气候变化和资源节约高效利用的经济活动，即对环保、节能、清洁能源、绿色交通、绿色建筑等领域的项目投融资、项目运营、风险管理等所提供的金融服务。中国人民银行研究局首席经济学家马骏表示，要实现我国治理环境污染的目标和在2030年或之前碳排放达峰目标的国际承诺，预计每年需要3万亿元到4万亿元人民币的绿色投资。绝大部分的绿色投资需要来自社会资金，构建绿色金融体系的主要目的就是动员和激励更多社会资本投入到绿色产业，同时更有效地抑制污染性投资。

2016年，中国人民银行、财政部等七部委联合印发了《关于构建绿色金融体系的指导意见》，提出绿色金融体系包括绿色信贷、绿色债券、绿色股票指数及相关产品、绿色发展基金、绿色保险、碳金融等所有主要金融工具。2017年，中国人民银行等国家七部委联合印发《浙江省湖州市、衢州市建设绿色金融改革创新试验区总体方案》，在浙江省湖州市、衢州市建设绿色金融改革创新试验区，湖州市侧重金融支持绿色产业创新升级，衢州市侧重金融支持传统产业绿色改造转型。该方案目标是通过5年左右的努力，初步构建各具地方特色、服务绿色产业、组织体系完备、产品服务丰富、政策协调顺畅、基础设施完善、稳健安全运行的绿色金融体系，在优化产业结构、改善生态环境、促进地方生态文明建设和经济社会发展方面发挥显著作用，探索形成服务实体有力、路径特色鲜明的绿色金融发展可复制、可推广经验。

绿色投融资机制涵盖的内容十分宽泛，以建设节能减排项目、开发新能源、发展新兴低碳产业和其他环境保护活动为目的而进行的生产资本与借贷资本的循环运动都可以涵盖在内。例如，①发行政府的专项债，发行企业债或者金融债来筹集绿色建筑、可再生能源发展的补贴基金，支持绿色建筑和可再生能源技术的研发和推广；②精细化管理环保优秀客户，按照贷款"绿色"程度，即贷款投向企业或项目对环境影响程度及其面临的环境风险大小，将企业类贷款分为若干级别，再对"绿色"程度不同的信贷项目实施对应的信贷措施与管理要求；③通过绿色补贴、减免税费、转移支付等途径对绿色消费品生产企业（或农户）的环境友好生产行为进行财政支持，对农户减量使用农药和化肥进行补贴，对获"绿色"认证的农产品龙头企业实行优惠税率等。

碳交易是一项"政府创造、市场运作"的制度安排，是解决温室气体排放等环境负外部性问题的重要手段。根据ICAP（国际碳行动合作组织）在《ICAP 2020年度全球碳市场进展报告》中的统计，目前四大洲已有21个碳交易排放体系正在运行。这些碳市场将负责超过70亿t的温室气体排放，其所在经济体贡献着全球近一半的GDP，并占全球超过15%的碳排放量。碳交易的基本原理是，不同企业由于所处国家、行业或者技术、管理方式存在差异，减排成本不同，合同一方通过支付另一方获得温室气体减排额，买方可以将购得的减排额用于实现减排目标。减排成本低的一方如果实现了超额减排（实际二氧化碳排放低于配额），可以将其所获得的剩余配额或减排信用通过交易方式出售给减排成本高的一方，减排成本高的一方通过购买超排部分的配额以完成履约，实现设定的减排目标。减排成本低的一方能够获利，同时减排成本高的一方能够以更低的成本实现减排目标，这种制度安排能够激励减排成本低的企业进行最大限度地减排，减排成本高的企业则会选择购买配额来履约，从而使得企业边际减排成本相等，整个市场以最低的平均成本完成减排目标。

例如，国家发改委或当地发改委设定的减排目标是，企业A和企业B各减排3000t二氧化碳当量，企业A的边际减排成本为20元/t，企业B为10元/t。如果通过行政强制手段减排，企业A减排成本6万元，企业B减排成本3万，企业A+B总减排9万；如果通过碳市场减排，假定市场上碳配额减排15元/t，企业A考虑到减排成本高于市场上价格，不采取减排措施，从市场上花费4.5万购买3000t配额完成减排目标，相对自己减排减少1.5万元，企业B考虑减排成本低于市场价格，决定花费6万元减排6000t，即超额减排3000t，通过向市场销售超额排放量获得4.5万收益，节省了1.5万元，企业A和企业B总减排成本为6万元。相比于强制减排，碳交易市场总共节约了3万元减排成本。

建立绿色投融资机制得1分，设立碳交易市场开展碳交易得1分。

☺ 具体评价方式

本条文适用于规划设计、实施运管评价。

规划设计阶段审查城区或城区所在地区的绿色金融建设实施方案，及相关的政策、工作通知等佐证文件；实施运管阶段审核城区绿色金融项目运行情况，核实建设目标分解和指标落实情况。

12.2.11 设立绿色发展专项基金，用于城区生态建设、生态科研经费投入及成果转化，评价分值为1分。

条文说明扩展

较高的建设管理、示范、推广成本是阻碍绿色生态城区发展的瓶颈，设立绿色发展专项基金用于城区的绿色生态发展，是健全生态环境保护经济政策体系的一项重要内容，是建设绿色生态城区的重要保障。

绿色发展专项基金可用于支持绿色建筑、能源利用和优化、绿色交通、绿色碳汇、节水和水环境改善等城区绿色发展领域，通过无偿资助、贷款贴息和奖励等多种方式支持相关领域的科研、建设和管理活动。例如：①绿色建筑及相关技术，可对高于城区绿色建筑规划要求的绿色建筑项目，根据星级和建筑面积分别给予不同额度的资金补助；②绿色交通，可对提高绿色动力交通工具比例、建设和完善智能化交通系统的项目予以支持，包括具有节能减排效果的新能源公共交通建设和营运项目等；③能源利用和优化，可对采用清洁能源、优化能源结构、提高能源效率的项目予以支持，包括积极采用清洁能源、采用联供技术的能源中心、采用智能楼宇用能监测系统的项目等；④绿色碳汇，对提高绿色碳汇能力的绿化植被改善、建筑固碳相关项目，给予支持，包括以屋顶绿化等方式增加公共绿地面积、开发绿地廊道等开敞空间系统等项目；⑤水资源，对节水与水环境改善项目予以支持，包括海绵城市和非传统水源的综合利用系统等项目；其他有利于推进绿色生态城区建设的课题和项目。

城区绿色发展专项基金应设立相应的管理办法，对资金来源、支持范围、支持方式和额度、申报和审批过程进行说明和规定。

具体评价方式

本条文适用于规划设计、实施运管评价。

规划设计阶段审查绿色生态专项规划，审查地方政策和财政专项资金安排计划；实施运管阶段审核相关资金的到位情况。

12.2.12 运用大数据技术对城区的环境、生态、能源、建筑等运行数据进行分析，以提高城区的运营质量，评价分值为1分。

条文说明扩展

设置本条文的目的是促进运用大数据技术对城区的环境、生态、交通、能源、建筑等运行数据进行分析，及时发现问题，提出和实施优化运行措施，提高城区的运营质量。鉴于应用大数据平台提高绿色生态城区的运营质量的工作难度较高，故设置本条为创新项，适用于规划设计、实施运管评价，同样适用于进行生态修复城市修补工作的城区。

运用大数据技术分析城区的运行数据，发现问题，优化运行，提高城区的运营质量等是一项复杂而有价值的创新工作，被评价项目只要能将城区的环境、生态、能源、交通、建筑等其中一项业务运行数据进行分析并用于改善管理，即可得分。

自从英国学者维克托·迈尔·舍恩伯格称"大数据"正在变革我们的生活、工作和思维，放弃对因果关系的渴求，转而关注相关关系，并提出利用巨量资料进行预测，形成新发明和新服务，创造前所未有的可量化的维度等观点以来，"大数据"的应用成为智慧城市的最大亮点与热点。

城市运行数据来自城市业务信息应用系统。各应用系统的运行管理者之间都存在领导/被领导、指导/被指导、协调/被动协调、行政约束、经济约束、法律约束等关联关系，在这些相互关系下形成了业务流程，在操作中还存在各种规则、惯例及潜规则。各类政务、商务、服务等活动，都在流程与规则下进行，完成各自预期的目标。在业务活动过程中的信息量是巨大的，在共享业务信息中挖掘其中的核心价值，可提升城市运行的智慧。

因政务的条块分割、商业利益的壁垒以及信息的安全等问题，加之在业务流程和操作过程中存在的各种规则，如无完善的机制，信息共享是难以实现的。信息共享在技术上已无大困难，但存在着各类非技术的障碍，致使政府和NGO都难以获得城市运行的所有数据，设计的理想流程往往无法推进。

城市运行的大量信息存在于政府和各行业的应用系统中，共享信息需要有保障机制，即法规支持、组织明确和权益落实。在具体实施时，除了信息共享部门之间遵守数据交换的标准和协议之外，还必须做好基础工作：①协调、并明确共享信息采集范围的分工；②明确共享信息的分类、分级，以及对应用户的共享权限；③对共享信息的密级评定和定期调整；④在共享信息的知识产权保护上，明确非公益信息的有偿服务；⑤明确共享信息的质量与时效要求，以及共享信息提供者的经济与法律责任。使用信息必需尊重知识产权、保护企业与个人的隐私。只有在良好的信息共享社会环境下，政府、NGO和企业才能从行业平台集成的信息中提取并使用对城市运行、行业发展和企业经营有价值的信息。

近年来，随着智慧城市工作的推进，出现了一个新名词——"城市大脑"，很多研究结果声称城市脑力提升后可大大提升"城市免疫力"或"城市的韧性"。城市的网络社会实现人与人、人与物、物与物的信息交互，进而形成的"城市大脑"实现城市服务的快速智能反应，这一基于互联网大脑模型的类脑城市系统就被称为"城市大脑"。

2019年6月浙江省大数据发展管理局发布了《浙江省"城市大脑"建设应用行动方案》，这一行动方案内容较全面可操作性强，以下基于"城市大脑"通用平台的重点应用，值得绿色生态城区关注与思考。

1. 交通应用

基于"城市大脑"通用平台，整合吸收、迁移升级原有智慧交通建设成果，加强涉及交通多部门信息归集共享，充分发挥互联网、大数据、人工智能的作用，推动实现数据驱动的城市交通管理模式和服务模式，提升交通通勤效率，构建有序的城市交通环境。开展实时数据分析、深度学习、交通仿真、复杂环境感知、车辆特征智能识别与跟踪、智能车路协同等关键技术在城市交通规划、公共交通资源分配、城市交通治堵、车流监控疏导、驾驶行为监测、信号灯配时、停车诱导、特殊车辆管理、紧急救援、车联网、智能出行规划等领域应用，构建车、路、人等交通要素无缝连接 的智能城市交通体系。

2. 平安应用

基于"城市大脑"通用平台，整合吸收、迁移升级原有智慧安防建设成果，深化推动"雪亮工程"等建设，加快以视频资源"全网共享、全时可用、全程可控、全面智能"为核心的平安系统特色应用。强化公安、建设、卫生健康、交通运输、市场监管、生态环境、应急管理、自然资源等部门数据的有效采集和安全共享。推广智能感知与分析技术在社会治安、生产安全、自然灾害等场景的部署应用，实现智能预测预警，实时精准推送灾害信息、处置建议、资源调度方案，形成各方联动应急机制，提升社会公共安全保障能力和实战效能。

3. 城管应用

基于"城市大脑"通用平台，整合吸收、迁移升级原有智慧城管建设成果，迭代优化感知、分析、指挥、服务、监察"五位一体"的智慧城管信息平台，运用图像与视频精准识别、城市环境特征识别、智能感知、深度学习等人工智能技术实现城市管理自主操控，完善"泛在感知、多维研判、扁平指挥、高效处置"为核心的"城市大脑"城管系统建设，推进统一行政执法监管平台在城市管理中的高效联动支持，推动城市综合执法办案过程数字化记录，优化重塑已有城市管理业务分散的格局。完善物联传感、智能预测在市容秩序监管、市政管网管理、建筑能耗监控、河道监管、垃圾分类监管等领域的应用，推动市容环境、市政公用设施等城市管理资源的共享联动。通过大数据智能计算，预测预防潜在矛盾隐患，及时、精准、高效解决城市运行中的问题和薄弱环节，推进城市管理智能化、精细化、社会化与可持续发展。

4. 经济应用

基于"城市大脑"通用平台，开展经济系统特色应用，接入全省经济运行监测分析数字化平台。整合宏观经济数据、产业数据、企业数据和相应城市地理数据，导入经济分析模型，从经济发展、产业变迁、企业表现等多方面展示区域经济态势，深入分析产业结构影响因素，辅助政府落地推行区域经济一体化改革发展政策，协助企业根据经济敏感点和产业新动向发展核心竞争力。打造统一的企业综合数据库，利用大数据和人工智能技术，实现对企业的统一画像。实施有针对性的企业帮扶政策，扶持和帮助重点企业，发掘高潜力企业，有效监测预警企业风险和行业风险。综合分析企业上下游和供应链关系，推动精准招商。

5. 健康应用

基于"城市大脑"通用平台，整合吸收、迁移升级原有智慧健康建设成果，改造提升区域全民健康信息平台，加快健康系统特色应用，推动区域医疗健康数据整合和共享，加快推进居民电子健康档案、医保、医药、卫生等相关领域数据的融合应用，开展智能医疗综合诊断和个性化医疗服务，构建全面健康应用，推动居家养老助残全覆盖。推广人工智能技术及智能医疗设备在医药监管、流行病监测防控、健康管理、体质监测、疾病筛查中的应用，提升公共卫生智能化服务水平。加强"城市大脑"健康系统与各级诊疗、急救平台的联通，形成指挥灵敏、反应迅速、运行高效、衔接有序的院前急救和院内急诊服务救治体系。

6. 环保应用

基于"城市大脑"通用平台，整合吸收、迁移升级原有智慧环保建设成果，加快全省环境质量监测网络建设布局，加强对水、土、气、噪声、辐射等生态环境监测监控的覆盖与感知，加强涉及环保的多部门信息归集共享，完善生态环境监测物联网体系，推动一体化的环保系统特色应用，融合接入省生态环境协同管理系统。通过关联分析和综合研判生态环境质量、水质与水域变化、污染物排放、温室气体排放、环境承载力等数据，强化经济社会、基础地理、气象水文和互联网等数据资源融合利用与信息服务，实现环境监管精准化、环境决策科学化。

绿色生态城区根据自身的运行管理需要和实施条件，通过共享城市生态资源、社会资源、基础设施、人口数量、经济发展等在内的多种数据，建立特定业务的大数据应用模型，经过一定时间的运行和数据积累，形成对业务优化的措施或新服务内容，取得精细化管理城区、可持续发展和安全运营的成果。

⊙ 具体评价方式

规划阶段：规划城区的大数据应用平台方案，汇聚城区的环境、生态、能源、交通、建筑等运行数据。规划需明确某一项或某几项业务活动的以提高城区的运营质量为目标的信息共享，挖掘其中的核心价值，提升城市运行的智慧。

规划应处理好政务条块分割、商业利益壁垒，以及信息安全等问题，梳理出合理的互联目标、必要的共享信息与有效的互联方式。同时规划信息共享的保障机制与城区大数据应用平台的管理体制。

具有城区的大数据应用平台方案，得1分；

工程设计和建设要点：按国家相关标准、上级要求和专项规划，设计共享城区环境、生态、能源、建筑等运行数据的应用平台，建立与有关系统的通信接口和统一的数据标准，构建共享信息数据库，并设计关联分析、数据挖掘等功能。同时制定信息共享与大数据分析的安全管理规定。

运营阶段：城区大数据应用平台数据维护良好，根据城区运营要求，不断增加共享信息的领域，逐步优化算法，提出决策建议。城区大数据应用平台具有各类使用方的权限和安全措施，以保证数据的安全。

提供在绿色生态城区的某一业务或某几项业务运营中采用大数据分析获得良好效益的案例，得1分。

12.2.13　结合本土条件因地制宜地采取节约资源、保护生态环境、保障安全健康的其他创新，并有明显效益，评价总分值为2分。采取一项，得1分；采取两项及以上，得2分。

🗐 条文说明扩展

2020年9月1日，习近平总书记主持召开中央全面深化改革委员会第十五次会议并发表重要讲话，指出要加快形成以国内大循环为主体、国内国际双循环相互促进的新发展格局，要加强改革前瞻性研究，把握矛盾运动规律，守正创新、开拓创新，更加积极有效应对不稳定不确定因素，增强斗争本领，拓展政策空间，提升制度张力。

绿色生态城区创建属于新发展格局中的一部分，目前尚处在发展阶段。在城区建设各阶段、各方面、各环节都可能存在"守正创新、开拓创新"的空间。创新对于城区关键技术难题的解决和新理念、新技术、新成果推广具有重要意义，因此，期望在评价中体现对创新的鼓励和支持。本条文主要针对的是前面各章节未提及的其他创新。

本条文评价对象主要体现如下几个方面：

1. 在"两山"理论指引下，创新应重点体现保护自然资源和生态环境，探索应用具有显著提升效果的新能源、节能、节材、节水、节地、减少环境污染与智能化系统等技术，结合数字经济、智能制造、生命健康、新材料等战略性新兴产业，形成更多新的增长点，提高城区在应对全球气候变化、加强环境保护、节约资源和能源等可持续建设方面的发展水平。

2. 创新应与本地的资源禀赋、生态条件和环境本底相适应，因地制宜发展是创新的前置条件。

3. 创新体现在保障安全健康方面。近两年我国新冠肺炎传染病防控工作成果显著，国家始终将人民的健康安全放在第一位。在城区健康安全建设方面，包括但不限于空气污染治理、饮用水安全、水环境水质保障、土壤无污染、废弃物无害化及再利用、材料安全等。

本条文的评价本着开放性原则，不设任何限制，可以是新技术和新成果的应用，也可以是效果大幅度提升，还可以是目前没有认识到的具有前瞻性的技术发明等。

💬 **具体评价方式**

本条文适用于规划设计、实施运管评价。

评价时以本标准第4至11章控制项达标为先决条件，各项得分需在第4至11章评分项的基础上有较大幅度提升或效果显著提高。本条规定较大幅度提升或效果显著提高的量化标准是高出第4至11章相关得分项的幅度不少于1倍。

本条文的评价方法为：规划设计阶段审查申报文件及相关证明材料，实施运管阶段现场核查。本条文未列出创新项可能涵盖的具体内容，只要申报方能够提供足够的相关证明，并通过专家组的评审即可认为满足要求得分。

📋 **案例**

中新天津生态城污水库治理与盐碱荒滩土地利用

天津中新生态城（以下简称"生态城"）是中国和新加坡两国政府的战略性合作项目，目标是运用生态经济、生态人居、生态文化、和谐社区和科学管理的规划理念，聚合国际先进的生态、环保、节能技术，造就自然、和谐、宜居的生活环境，致力于建设经济蓬勃、社会和谐、环境友好、资源节约的生态城市。立项之初按照两国政府确定的必须依法取得土地、不占耕地、节地节水、实现资源循环利用、有利于增强自主创新能力的原则，选址于自然条件较差、土地盐渍、植被稀少、环境退化、生态脆弱且水质型缺水的地区。同时，还应有大城市依托，基础设施配套投入较少，交通便利，有利于生态恢复性开发。因此，将生态城划定于天津滨海新区范围内，毗邻天津经济技术开发区、天津港，地处塘沽区、汉沽区之间，距天津中心城区45km，距北京150km，总面积约31.23km^2，规划居住人口35万，如图12-24所示。

生态城开发前在用地范围内有一个污水库，始建于1974年，由营城水库的低洼地改建而成。40多年来一直是汉沽化工区氯碱厂一类工业企业排放的污水存放地，被称为"污水库"。"污水库"水质为劣Ⅴ类，受污染的水有215万m^3，受重金属污染的底泥有385万m^3。污水库周边的土地是盐碱荒滩，环境恶劣。

鉴于此，生态城建设第一要务是治理污水和底泥，改善环境。在没有可资借鉴的治理先例的前提下，生态城组织科研单位成立联合团队，开展污水库水污染和底泥治理技术重点攻关，确立了"彻底根治、不留后患、优化方案、万无一失、积极推动、把

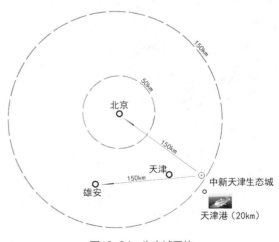

图12-24　生态城区位

握时机、合理成本、注重实效"的治理原则。

经过对含重金属底泥的多种脱水试验、对污水物化预处理和生物处理试验，开发出"湖库重污染底泥环保疏浚—土工管袋脱水减容—固化稳定化和资源化"技术体系。运用该技术路线，针对中度和重度污染的底泥，采用环保疏浚、密封装袋上岸、重金属稳固化和絮凝的处置方式，实现无能耗脱水。脱水后的重度污染的底泥被烧制成陶粒固化并再利用，脱水后的中度污染底泥实施封场处理。该区域封场后通过覆土回填建设成静湖山环保主题公园；轻度污染底泥采用原位固化稳定化治理合格后，作为路基垫土等实现资源化利用。污水库内的存量污水经铁碳内电解预处理后，提高了可生化性，输送至营城污水处理厂处理后达标排放。

完成底泥和污水治理后，对库底土壤进行超挖填筑，建起了北岛、南岛、五指岛，新增土地面积1.5km²。同时，开展了对污水库之外的盐碱地的治理。生态城区域内土壤盐渍化程度高，有机质含量低，物理性能差，地下水位高，地下水多为咸水或微咸水，较难进行绿化种植。经过不断地研究探索，开发了"物理—化学—生态"相结合的土壤综合改良和植被构建技术。

对于重度盐碱地采用"暗管排盐、客土种植"的方法，并利用本地改良过的轻度和中度盐碱地土壤替代部分客土，最大化地在本地实现土方平衡。对于中度和轻度盐碱地采用洗盐、隔盐、阻盐等方式进行土壤改良。并开展海绵城市建设，研发了利用盲井等措施积蓄雨水洗盐的关键技术。结合景观建设构建了半咸水湿地主导植物群落，达到原生植物的原土种植、经济平衡、雨洪可控、水质净化和生态和谐的效果。

生态城坚持生态优先，保护利用的开发建设原则，基于水污染治理和盐碱地治理，构建了复合生态系统，已形成了"一岛、三水、六廊"的绿色生态开放空间。目前，生态城8km²起步区已基本建成，在此工作和生活的人口超过100 000人。拥有26所学校，近15 000名学生；3个社区中心、1座图书馆、2座商业综合体、多家餐馆、多处健身场所、1所医院、1座五星级酒店和4个经济型酒店。

附录 标识申请与评价

1. 评价依据

《绿色生态城区评价标准》GB/T 51255—2017是我国第一部绿色生态城市领域的国家标准，该标准2017年发布，自2018年4月1日起正式实施。

2. 评价（申报）对象

以城区为评价对象，新建城区和既有城区均可进行评价，申报城区规划面积不宜小于3km²。

3. 评价基本规定

1）按照城区的建设进度分阶段申报，规划设计评价和实施运管评价可分别独立申报评价，规划设计评价不是实施运管评价的申报前提，但从实施的科学性、建设的完整性出发，鼓励先规划设计评价再实施运管评价的全过程评价。

2）实施运管评价阶段要求规划方案实施完成率≥60%。

4. 评价机构

中国城市科学研究会

5. 评价流程

绿色生态城区评价并非简单的以审查、评价城区建设的规划设计文件或实施运管现状为目的，而是从帮助申报单位正确把握标准要求，优化、完善规划方案设计，切实提升实施运管水平出发，在评价认定的同时，为各地绿色生态城区建设、管理提供改进意见，因此，在评价流程设计上，设置了多个交互沟通的环节，这是与其他评价认定根本性的差异。评价流程主要包括形式初查、技术初查、现场核验、专家评价，以及公示、备案，各环节之间的关系，如附录图-1所示：

各环节的主要工作内容如图附录-1所示。

1）提交申报材料

申请评价的项目，应按照评价标准和实施细则的要求准备证明材料，在内容上，证明材料应包含基本的城区建设、规划审批文件，对

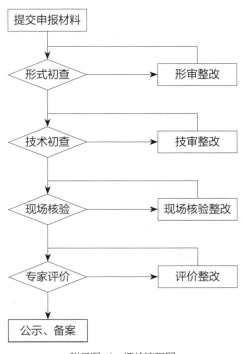

附录图-1　评价流程图

应标准要求的城市规划、道路交通、绿色建筑、生态环境、能源、市政给水排水、智慧管理与人文以及产业经济的规划文件、实施方案和运行监测、评估报告。在形式上，证明材料应分类清晰，内容简洁，与申报无关的图素、说明应予以清除，图纸或报告应采用PDF文本格式，各类文件均应包含完整的项目名称、完成单位、完成人等基本信息，涉及检测检验内容的，应提交具备检测检验能力和资质的机构出具的有效期内的正式报告，以保证证明材料的有效性。

为便于申报单位组织、整理申报材料，中国城市科学研究会编制了《绿色生态城区标识申报材料要求及建议资料清单》，可在官网下载查阅。

2）形式初查

形式初查是技术人员通过核查、测算、验证等方式，对申报项目进行的一项基础性检查工作。包括检查申报单位是否具备申报资格，项目审批文件、建设单位文件、设计单位文件、与城区建设有关的规划、交通、建筑等设计文件是否齐全完整、真实有效等。

该阶段成果为形式初查报告，用以指导申报单位规范申报材料。

3）技术初查

技术初查是专业技术人员按照绿色生态城区评价标准的要求，对申报材料的内容深度、自评估报告提供的各项数据指标等按照评价标准进行技术把关，使项目达到专家评价的水准，满足启动正式评价的要求。

该阶段成果为技术初查报告，用以指导申报单位纠正申报材料中存在的错漏，完善申报材料深度，减少正式评价时出现的问题。

4）现场核验

与绿色建筑评价内审员进行现场踏勘不同，绿色生态城区的现场核验由评价专家参与完成，在正式的会审评价前，评价专家将赴项目现场就申报材料的内容与项目实际情况进行比照核对，验证材料和实际地域空间、基础设施、规划条件的一致性，并就规划考虑、实施进度安排与申报单位进行初步的交流。

该阶段成果为现场核验会议纪要，用以指导申报单位对申报材料进行查漏补缺、拓展拔高。

5）专家评价

专家评价采用项目现场会审评价方式，专家根据申报单位提交的证明材料，结合现场汇报交流情况，对照评价标准要求，对申报项目各项数据逐条进行核实、测算，评估各项技术方案的科学性、合理性，综合平衡论证，最终给出评价结论。

该阶段成果为专家评价会后形成的评价意见，申报单位据此进行完善、整改，需要复审的条文，将要求申报单位重新组织证明材料进行二次审查。

6）公示备案

通过评价的项目需进行公示。任何其他单位或个人对公示的项目持有异议，均可在公示期内向城科会提出书面意见。对于公示期间无异议或已妥善解决异议的项目，由中国城市科学研究会发布通知，公布获得星级的项目。

中国城市科学研究会公示网址为：www.chinasus.org

参考文献

［1］董轲. 生态城市规划理念与实践—中新天津生态城城市总体规划简介[EB/OL].
　　新能源·新城市——APEC低碳城镇发展项目,（2012-07-31）. http://www.
　　uedmagazine.net/APEC/Technology_show.aspx?one=335&pid =4309&two
　　=336.

［2］中国城市规划设计研究院.《中新天津生态城总体规划专题研究（十五）》: 生态城建
　　设案例研究[Z],2008.

图片来源

第1章～第3章

无图

第4章

图4-1 盛晖，等. 站城融合之铁路客站建筑设计[M]. 北京：中国建筑工业出版社，2022.

图4-2 摘自上海虹桥商务区核心区控制性详细规划、城市设计.

图4-3 作者自绘.

图4-4 摘自衢州市龙游县城东新区（核心区）城市设计.

图4-5～图4-9 摘自衢州市龙游县城东新区（核心区）控制性详细规划.

图4-10、图4-11 Hannelore Veelaert，OMGEVING. 比利时菲尔福尔德广场景观设计|OMGEVING [OL]. 景观中国，（2019-07-15）. http://landscape.cn/landscape/10601.html.

图4-12 摘自中新天津生态城南部片区生态谷城市设计.

图4-13 摘自贵阳恒大文化旅游城修建性详细规划.

图4-14 作者自绘.

图4-15 作者自摄.

第5章

图5-1～图5-4 摘自苏州吴中太湖新城启动区海绵城市规划文本.

第6章

图6-1 丁杰，李光耀，蒙海花. 江苏省绿色建筑专项规划编制方法探索与创新实践[J]. 绿色建筑，2019，11（1）：33-36+41.

图6-2 作者自绘.

图6-3 摘自南京市规划和自然资源局文件.

图6-4 作者改绘.

第7章

图7-1、图7-2 作者自绘.

图7-3　作者根据当地政府发布的多年水资源公报整理后绘制.

图7-4~图7-7　摘自常州高铁新城（重点区）水资源综合利用方案文本.

第8章
无图

第9章
图9-1~图9-3　作者自绘.

图9-4　上海市虹桥商务区提供.

图9-5　作者改绘.

第10章
无图

第11章
图11-1　作者自绘.

第12章
图12-1　Hannelore Veelaert，OMGEVING. 比利时菲尔福尔德广场景观设计|
　　　　OMGEVING [OL]. 景观中国，（2019-07-15）. http://www.360doc.com/
　　　　content/16/1230/09/3145764_618827020.shtml.

图12-2　Nathan Bahadursingh. Cream of the Crop: 8 Architecture Firms
　　　　Leading the Urban Farming Revolution [OL]. Architizer https://architizer.
　　　　com/blog/inspiration/collections/future-of-architecture-urban-
　　　　farming/.

图12-3　日本人把农场搬进了办公楼，能种水稻、蔬菜，工作累了就去收庄稼[OL].
　　　　腾讯网，（2020-02-17. https://new.qq.com/omn/20200217/20200217
　　　　A0550400.html.

图12-4　Metrostudio迈丘设计[OL]. https://metrostudio.it/.

图12-5　来自网络.

图12-6、图12-7　作者自绘.

图12-8、图12-9　陈众励，程大章，等. 现代建筑电气工程师手册[M]. 北京：中国电
　　　　力出版社，2019.

图12-10~图12-12　珠海宏锋风能科技有限公司. 珠海东澳岛MW级智能微电网项目

[OL]. 原创力文档,（2017-08-30）. https://max.book118.com/html/2015/
0227/12746573.shtm.

图12-13~图12-15　作者自绘.

图12-16　中华人民共和国住房和城乡建设部. 城市综合管廊工程技术规范：GB50838—
2015[S]. 北京：中国计划出版社，2015.

图12-17~图12-23　南京江北新区城市综合管廊专项规划规划说明书/上海市政工程设
计研究总院（集团）有限公司.

图12-24　作者根据中新天津生态城投资开发有限公司官网图片改绘.

附录

附录图1-1　作者自绘.

感谢所有提供资料、图片的单位和个人，个别图片未能联系上摄影者，见书请与编写
组联系（邮箱：xiaouyuluo@zju.edu.com）。